全国环境统计培训系列教材

环境统计基础

环境统计教材编写委员会　编

中国环境出版集团·北京

图书在版编目（CIP）数据

环境统计基础/环境统计教材编写委员会编. —北京：中国环境出版集团，2016.5（2023.1 重印）
ISBN 978-7-5111-2628-3

Ⅰ.①环… Ⅱ.①环… Ⅲ.①环境统计学 Ⅳ.①X11

中国版本图书馆 CIP 数据核字（2015）第 304938 号

出 版 人　武德凯
责任编辑　宾银平　沈　建　董蓓蓓
责任校对　尹　芳
封面设计　宋　瑞

出版发行　中国环境出版集团
（100062　北京市东城区广渠门内大街 16 号）
网　　址：http://www.cesp.com.cn
电子邮箱：bjgl@cesp.com.cn
联系电话：010-67112765（编辑管理部）
010-67113412（第二分社）
发行热线：010-67125803，010-67113405（传真）
印　　刷　北京中科印刷有限公司
经　　销　各地新华书店
版　　次　2016 年 5 月第 1 版
印　　次　2023 年 1 月第 2 次印刷
开　　本　787×1092　1/16
印　　张　10.75
字　　数　256 千字
定　　价　35.00 元

中国环境出版集团郑重承诺：
中国环境出版集团合作的印刷单位、材料单位均具有中国环境标志产品认证。

全国环境统计培训系列教材

编委会

《环境统计基础》编写人员

第 1 章　　封　雪　彭　菲

第 2 章　　王军霞　吴　琼

第 3 章　　赵银慧　谢光轩

第 4 章　　吕　卓　王　鑫

第 5 章　　董文霞　史枫鸣

第 6 章　　周　冏　吴　琼

第 7 章　　王　鑫　赵学涛

序

“十三五”是我国全面建成小康社会的决胜期，也是深化改革开放、加快建设社会主义生态文明的攻坚时期。随着经济总量不断扩大、人口持续增加，资源短缺、生态退化和环境污染已成为制约我国经济社会发展的重大瓶颈。环境统计作为环境保护的基础工作，在正确判断环境形势、科学制定环境保护的政策和规划等方面具有重要作用。我国从 20 世纪 80 年代开始实施环境统计，目前基本形成了自上而下的环境统计工作体系、配套的工作能力和相应的制度保障体系，对总量减排、环境规划等环境保护重点工作起到了一定的支撑作用。

环境统计作为一项专业性、技术性较强的工作，需要遵循特定的技术规范和操作守则，而我国目前尚未有一套全面介绍环境统计基础知识的系统性资料，对于刚刚加入环境统计队伍的人员来说，缺乏了解环境统计基础知识的工具书，影响了环境统计工作的稳定性和连续性。对于管理部门和相关研究人员等数据使用部门，由于不了解环境统计数据的统计口径和统计方法，在使用数据过程中容易造成偏差，进而对管理决策造成影响。

基于上述考虑，由环境保护部环境规划院、中国环境监测总站、环境保护部华南环境科学研究所、北京市环境保护科学研究院、四川省环境保护科学研究院等研究机构和中国人民大学、中国环境管理干部学院、长沙环境保护职业技术学院等高校以及中国造纸、钢铁、水泥等行业协会联合成立了中国环境统计培训教材编写委员会，抽调技术骨干人员组成编写组，经过 3 年努力，编写完成了本套培训教材。

本套教材共包括三册，分别是《环境统计基础》《环境统计实务》和《环境统计分析与应用》。其中《环境统计基础》以介绍统计学及环境统计基础知识、环境统计工作制度为主；《环境统计实务》以介绍污染物产排污量核算、产排污系数应用、环境统计报表填报和统计上报软件使用为主；《环境统计分析与应用》主要从服务于环境统计和环境管理工作的角度出发，介绍开展环境统计分析的主要方法及案例。

教材编写得到了环境保护部污染物排放总量控制司刘炳江司长、于飞副司长的大力支持。于飞副司长审定了教材编写提纲，总量司统计处毛玉如处长、董文福副处长审阅了书稿并提出了修改建议。环境保护部环境规划院洪亚雄院长、王金南副院长对教材编写给予了大力支持，在此一并致以感谢。由于环境统计涉及面广，内容庞杂，疏漏之处敬请读者批评指正。

丛书编写组

2015年2月

目　录

第1章 绪 论

1.1 统计与环境统计

1.1.1 统计

通常意义上认为，统计是指对某个事物有关的数据进行搜集、整理、计算和分析等活动的总称，是认识其本质和规律性的一种实践活动。

《中华人民共和国统计法》（以下简称《统计法》）所称“统计”，是指运用各种统计方法对国民经济和社会发展情况进行统计调查、统计分析，提供统计资料和统计咨询意见，实行统计监督等活动的总称。统计是国家实行科学决策和科学管理的一项重要基础工作，是党、政府和人民认识国情国力、决定国策、制订规划的重要依据，在国家宏观调控和监督体系中具有非常重要的地位和作用。

统计工作是一项非常重要的基础性工作，是整个国民经济健康运行的主要监测手段，是整个国民经济社会的主要信息渠道，统计数据为反映国民经济和社会发展总体情况提供了“准确、全面、及时、系统”的信息，是各级党委、政府进行科学决策和管理，制定宏观调控措施，做出科学、合理、正确决策的必要依据。准确及时是统计工作的生命，实事求是是统计工作的核心，信息、咨询、监督是统计的基本功能。

统计工作具有数量性、总体性和客观性的特征。统计工作的数量性特征体现为数量的多少，各种现象之间的数量关系，质与量互变的数量界限；统计工作的总体性特征体现为，统计认识着眼于认识事物总体的数量特征；统计工作的客观性是指统计是对客观存在的事物数量特征和数量关系的反映。

1.1.2 环境统计

环境统计是社会统计的分支，广义的环境统计是研究由于人类活动结果引起的自然环境和人工环境的大量数量现象，反映自然生态、自然资源、环境污染、环境保护状况等方面的统计；狭义的环境统计是指围绕污染物排放开展的，反映污染源排放情况的统计。环境统计是环境管理的基础和工具，一方面，环境统计作为环境信息系统，及时为管理部门提供所需要的环境信息，作为环境管理决策分析、制定方针、政策和规划的依据，同时也可以作为事后政策、规划执行情况的分析和监督检查的依据；另一方面，环境统计也是环境管理过程的重要组成部分，环境统计本身就是一种环境管理活动。

环境统计可以从环境统计工作和环境统计学两个层面来理解。环境统计工作，是指用定量数字描述一个国家或地区的自然环境、自然资源、环境变化和环境变化对人类影响等的总称，其特点是范围涉及面广、综合性强和技术性强。

环境统计学，是指数理统计理论与方法在环境保护实践和环境科学研究中的应用，是研究和阐述环境统计工作规律和方法学的科学。环境统计学与环境统计工作的关系是理论与实践的关系，环境统计学的理论与方法用以指导环境统计工作，推动环境统计工作的发展。

环境统计的任务分为以下三个方面：

①反映环境质量和污染现状。利用科学的环境统计调查方法和分析手段，及时并客观地反映环境状况和环境保护事业发展的现状与变化趋势。

②环境统计服务。一方面环境统计要为政府部门提供信息支持和服务，应围绕环境管理和经济社会发展的需要，为国家宏观调控和环境管理决策适时提供数据服务；另一方面也为公众了解环境状况、提高环境意识、积极参与行动等提供必要的信息服务。

③环境统计监督。环境统计监督是对已开展的环境保护政策方针、规划等，利用环境统计数据，评估政策、规划执行情况并提供反馈信息，及时发现新情况和新问题，以便及时采取措施，加强环境管理，确保环境经济协调发展。

1.1.3 环境统计管理体系

《统计法》规定，国家建立集中统一的统计系统，实行统一领导、分级负责的统计管理体制。国务院设立国家统计局，负责组织领导和协调全国统计工作。各级人民政府、各部门和企业事业组织，根据统计任务的需要，设置统计机构、统计人员。

我国政府统计系统主要由政府综合统计系统和部门统计系统组成。政府综合统计系统，又被称为政府统计局系统，是自上而下设置统计机构或配置统计人员，构成的综合统计系统。目前，中国国务院设立国家统计局，县以上地方各级人民政府设立独立的统计机构（统计局）。在乡一级人民政府则主要由专职或兼职的统计员来负责统计工作的具体协调管理。除此之外，国家统计局还直接管理遍布全国的农村社会经济调查总队、城市社会经济调查总队和企业调查总队。中国地方政府综合统计机构，不仅为上级政府综合统计机构搜集、提供统计数据，同时还为本级地方政府搜集和提供统计信息，报送统计分析报告。

政府部门统计是由国务院各政府部门和地方各级人民政府的各政府部门根据统计任务的需要设立的统计机构或有关机构中设置的统计人员构成，是官方统计系统的一个重要组成部分。政府部门统计系统的主要职责是：组织、协调本部门各职能机构的统计工作，完成国家统计调查和地方统计调查任务，制订和实施本部门的统计调查计划，搜集、整理、提供统计资料；对本部门和管辖系统内企业事业组织的规划执行情况进行统计分析，实行统计监督；组织、协调本部门管辖系统内企业事业组织的统计工作，管理本部门的统计调查表。

在国家统计局报表制度中，资源环境统计工作是由国务院各政府部门分别承担的。资源环境报表制度涵盖了环境污染、环境监测、水利、国土资源、城市建设、森林资源、林业投资、海洋资源、海水水质、地震灾害、城市气候等多方面调查内容，数据来源于环境保护部、水利部、国土资源部、住房和城乡建设部、林业局、海洋局、地震局、气象局等12 个国务院政府部门。环境统计工作也属于部门统计范畴。环境保护部具体承担了各地区工业、农业、生活污染情况，各地区污染物集中处置情况，各地区环境管理情况，国控主要城市环境保护情况，主要水系干流水质状况评价结果，全国近岸海域海水水质评价结果的统计调查工作。其中环境质量、环境监测情况由环境监测司负责，而围绕污染物排放开展的统计调查由污染物排放总量控制司负责。

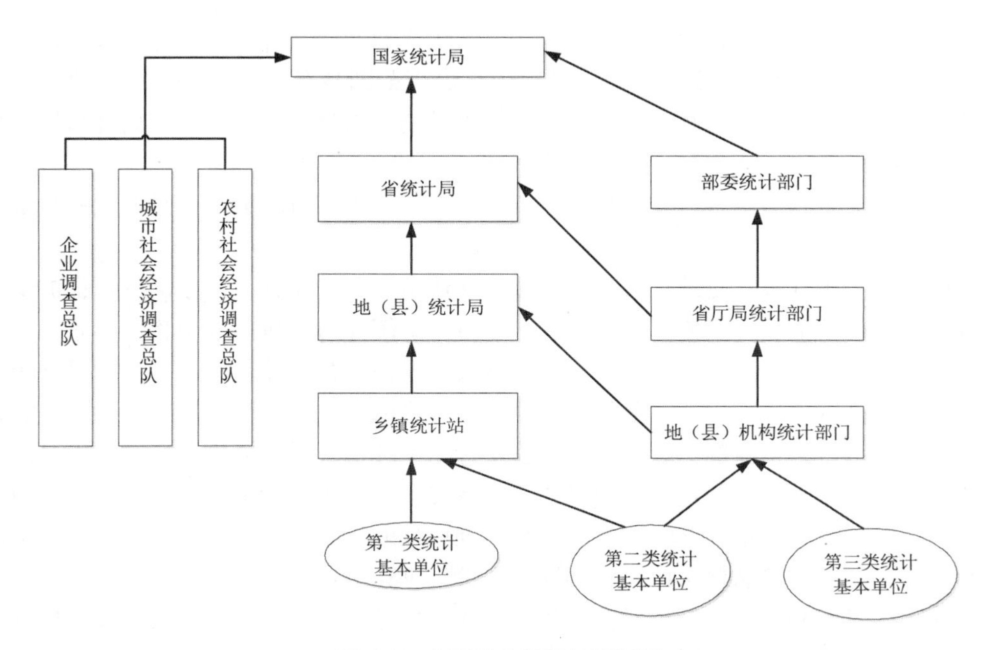

图 1-1 中国政府统计体系框架

目前，狭义的环境统计从管理方式上来看，采取的是“统一领导、分级负责”的管理体制。环境保护部在国家统计局的业务指导下，对全国环境统计工作实行统一管理，制定环境统计的规章制度、标准规范、工作计划，组织开展环境统计科学研究，部署指导全国环境统计工作，汇总、管理和发布全国环境统计资料。从工作模式来看，环境统计工作采取管理部门与技术支持单位相依托的方式，管理部门负责拟订环境统计管理制度，组织编制环境统计规划，并监督实施，而技术支持单位，围绕管理部门的要求和环境统计任务开展环境统计相关研究，同时完成报表设计、环境统计培训、数据收集和审核等工作。

本书所述内容主要围绕狭义的环境统计，重点关注由环境保护部门负责的环境统计相关工作的内容。

1.2 环境统计中的重要概念

根据环境统计的工作任务以及《统计法》对统计工作的任务要求，环境统计工作过程可分为统计设计、统计调查、统计整理和统计分析 4 个阶段。各阶段均涉及一些重要概念，理解这些概念，对于理解和开展环境统计工作至关重要。

1.2.1 统计设计

环境统计设计 需要根据环境统计的目的、要求以及所掌握的信息，对环境统计工作的全过程进行全面设计。其中包括了对环境统计调查对象及方法、环境统计指标、环境统计方法等与环境统计工作有关的各环节的统计设计。

环境统计调查范围 在统计设计过程中，首先需要明确统计调查的对象和方法，我国“十二五”环境统计报表制度中规定了环境统计调查范围是有污染物排放的工业源、农业源、城镇生活源、机动车以及实施污染物集中处置的污水处理厂、生活垃圾处理厂（场）、危险废物（医疗废物）集中处理（置）厂等。

调查方法 主要有两种，一种是对调查单位直接发表调查，另一种是通过模型等方式进行整体估算。

统计指标 指标设计是统计设计的核心。统计指标是反映总体现象数量特征的概念和具体数值。例如，工业总产值，工业废水排放量等。统计指标包括6个构成要素：指标名称、计量单位、计算方法、时间、空间、指标数值。在进行统计设计时，只能设计出统计指标的名称、内容、口径、计算单位和计算方法。目前，我国环境统计工作中，统计指标分为4类，分别是基本情况指标、辅助核算指标、治理指标、污染物指标。其中，污染物指标和治理指标是核心指标，是反映企业和地方污染源的污染物治理和排放情况，也是环境保护部门参与宏观决策、反映环境规划和治理成效的指标；基本情况指标和核算辅助指标是辅助指标，是支撑及核实核心指标准确性的辅助指标。

环境统计报表制度 简称环境统计报表。基层企事业单位和各级环境管理部门通过统计表格的形式，按照统一规定的指标和内容以及上报时间和程序，按一定周期向上级和国家报告环保规划执行和环境现状等情况的统计报告制度。其内容主要有报表目录、表式和填表说明3部分。在我国，环境统计报表已成为国家环境管理的重要制度之一，环境统计报表按填报单位可分为基层报表和综合报表两类。

1.2.2 统计调查

统计调查 指按照规定的统计调查对象、统计指标体系、统计分类标准和统计调查方法有组织地收集反映总体单位特征的原始资料的过程。

统计调查的任务 指取得准确、及时、全面、系统的原始资料。目前按照收集统计数据的方式，环境统计调查可分为定期调查、周期性普查和抽样调查。

定期调查 指环境统计部门向所纳入的全部统计调查单位发放报表，这些单位定期（如每月、每季度、半年或一年）填好报表并向发表单位进行报送，目前我国环境统计定期调查工作按照调查的周期分为年报和季报。

周期性普查 指政府部门为详细地了解某项重大的国情国力而专门组织的一次性、大规模的全面调查，其主要用来收集某些不能够或不适宜用定期的全面调查报表收集的信息资料，以搞清重大的国情国力，如2008年开展的第一次全国污染源普查就属于周期性普查的范畴。

抽样调查 一种非全面调查，它是从全部调查研究对象中，抽选一部分单位进行调查，并据此对全部调查研究对象做出估计和推断的一种调查方法。

1.2.3 统计整理

统计资料整理是统计工作的一个重要环节，它是根据统计研究的任务与要求，对调查所取得的各种原始资料进行审核、分组、汇总，使之系统化、条理化，从而得到反映总体特征的综合资料的过程。环境统计资料的整理包括原始资料的审核、统计分组及统计汇总 3 个基本环节。

审核　指对原始资料的全面、系统的检查与核对，主要是检查核对资料的及时性、准确性和完整性。及时性审核，是对统计资料调查和上报的时间进行检查；准确性审核，是指对统计资料的准确程度进行检查，是审核的重点和难点；完整性审核，是检查所有调查单位的资料有无遗漏，检查所有的调查项目是否齐全、填写是否完整。

统计分组　指根据统计的任务和目的，为满足各级环境管理工作对统计资料使用的需要而进行分类分组。对环境统计资料进行分组，能够反映环境现象的各个类型（组）的特征和差异，从而更深入地认识和研究环境现象的全貌。目前环境统计工作一般按照各地区、重点城市、工业行业以及重点区域、流域对环境统计资料进行分组。

统计汇总　指统计调查资料在经过统计分组整理后，进行汇总整理，即汇总各个指标的分组值和总体值，整个统计汇总整理过程可以分为一级汇总整理和二级汇总整理。一级汇总整理是指对基层报表的整理及汇总，即对基表的整理及汇总；二级汇总整理是指对一级整理汇总的再整理、再汇总过程，即对综表的整理及汇总。

目前，我国环境统计资料的汇总可以通过环境统计软件完成。在实际工作中，环境统计整理工作一般采用集中会审和汇总整理的形式，即由下属单位的统计人员携带有关的资料集中在一起，共同审核、修订、汇总和编制统计表，这样便于统一认识，及时准确地完成汇总任务。

1.2.4 统计分析

统计分析：是指运用统计方法及与分析对象有关的知识，从定量与定性的结合上进行的研究活动。它是继统计设计、统计调查、统计整理之后的一项十分重要的工作，是在前几个阶段工作的基础上通过分析从而达到对研究对象更为深刻的认识。分析资料可以运用各种分析方法，结合专业知识，计算有关指标，进行统计描述和统计判断，阐明事物的内在联系和规律。

从认识论的角度来说，统计设计属于对社会经济现象进行的定性认识；统计调查和统计整理，是实现对事物个体特征认识过渡到对总体数量特征认识的关键环节，属于定量认识的范畴；统计分析则是运用统计方法对资料进行比较、判断、推理和评价，揭示社会经济现象的本质和规律性的重要阶段。统计设计、统计调查、统计整理和统计分析的有机统一，体现了统计要在质与量的辩证统一中研究社会经济现象总体数量特征的原则要求。

1.3 本书的主要内容

环境保护是我国的一项基本国策，环境统计则是环境保护的基础工作和重要组成部分。环境统计是经典的理科学科统计学与环境科学相结合的产物，涉及面广，具有很强的专业性和实用性。对大多数环境统计工作者而言，系统、精深地钻研和掌握统计理论，完成统计工作，是一项艰苦乏味而实效有限的工作。本书是在充分总结环境统计工作的特点，考虑环境统计工作中存在的实际问题和困难的基础上，针对基层环境统计工作的能力需求进行编写的，可供从事环境保护的各类人员参考。

环境统计包括了广义和狭义的统计范围，广义的环境统计，内容广泛，除了环保部门所涉及的污染物排放情况外还包含环境监测、自然资源、生态等多方面内容；狭义环境统计，是围绕污染物排放情况开展的环境统计调整。本书旨在为从事围绕污染物环排放情况开展环境统计调查的工作人员提供参考，因此根据目前环境统计工作实际，着重论述目前开展的环境统计工作，以下所提到的环境统计全部属于狭义环境统计范畴。本书根据环境统计工作的内容和方法，对报表制度、核算方法、审核方法进行了详细且实用的阐述，对所涉及的污染物排放、环境基础设施建设、环境管理等方面的环境统计指标，进行了全面的介绍。

本书共分为 7 章，第 1 章、第 2 章介绍环境统计的基本概念以及制度，第 3 章、第 4 章对“十二五”环境统计年报和季报制度进行了全面阐述，第 5 章就报表制度中涉及的重要指标概念进行了说明，第 6 章介绍了环境统计数据核算方法及数据审核方法等环境统计技术，第 7 章简要介绍了国外环境统计工作情况。

第 2 章　我国环境统计制度

2.1　环境统计发展历程回顾

我国环境统计是与国际环境统计工作以及我国环境保护工作同步发展起来的，最早始于 20 世纪 70 年代。从国际上来看，1972 年斯德哥尔摩《人类环境会议》以后，各国政府才开始认识到全面的综合的统计数字对评价一个国家环境状况的重要性，并开始建立各自的环境统计。1973 年，我国召开了第一次全国环境保护会议，通过了“全面规划、合理布局、综合利用、化害为利、依靠群众、大家动手、保护环境、造福人民”的环保 32 字方针和我国第一个环境保护文件《关于保护和改善环境的若干规定》。第一次全国环境保护会议之后，北京、沈阳、南京等城市相继开展了工业污染源调查，各省、市（地区）环境管理机构和环境监测站相继建立。20 世纪 70 年代中期有相当一批城市开始制定“三废”治理规划，与此相适应，我国的环境统计工作逐渐开展起来。目前，我国环境统计工作已经有 30 多年的历史，概括来说，可以分为以下 4 个阶段。

第一阶段（1979—1990 年）：环境统计制度的建立

1979 年，国务院环境保护领导小组办公室（以下简称“国环办”）制定了《大中型企业环境基本状况调查卡片》，组织对全国 3 500 多个大中型企业的环境基本状况进行调查。1980 年 11 月，“国环办”与国家统计局联合制定了我国第一个环境统计报表制度，同时在北京召开了第一次全国环境统计工作会议，布置了环境统计工作。另外，国务院有关部门的统计制度中也相继涵盖了一些环境保护的内容。

1981 年，“国环办”印发了《环境统计主要指标解释》（试行本）和《环境统计主要问题解答》。1982 年，城乡建设环境保护部环保局（以下简称建设部环保局）编写了《环境统计工作手册》。1984 年，建设部环保局与中国环境科学学会召开了全国第一次环境统计学术交流会，并印发了论文集——《论环境统计》，这是我国第一本环境统计方面的论文集。1985 年 4 月，国家环境保护局下发了《关于加强环境统计工作的规定》（[85]环政字第 104 号），这是第一次下发的指导全国开展环境统计工作的纲领性文件。1985 年，国家环境保护局组织编写的《环境统计讲义》铅印发行，这是我国第一本国家级的环境统计教材。同年，方品贤、江欣、奚元福合编的《环境统计手册》由四川省科学技术出版社出版发行。

1984 年，城乡建设环境保护部与国经委员会以城环字（84）419 号文颁布了《工业污染源调查技术要求及其建档规定》，同时要求各地认真做好工业污染源的调查工作。1985 年国家统计局以（85）统社字 189 号文，同意开展一次全国性工业污染源调查。1986 年 3 月，国家经委、国家环保局、国家统计局、国家科委、财政部联合下发了《关于加强全国工业污染源调查工作的决定》（86 环监字第 081 号），要求全国各省、自治区、直辖市要以

1985 年为基准年进行一次全面系统的工业污染源调查。全国工业污染源调查从 1985 年下半年全面展开，经历准备、调查、总结建档和检查验收 4 个阶段，至 1987 年年底完成了地区调查和成果汇总工作。1988—1989 年中期完成了全国调查成果的汇总与评价研究。1985 年的工业污染源调查的对象是工矿企业，调查的内容包括企业的环境状况，企业的基本情况，生产工艺和排污状况，水源、能源、原辅材料情况，污染危害情况和生产发展情况等 7 个方面，调查项目近 200 项。这次调查是新中国成立以来环境保护方面规模最大的一项调查研究，调查以 1985 年为基准年，范围包括当时全国（除台湾地区）29 个省、自治区、直辖市的所有 40 个工业行业。调查企业共计 16.8 万多家，其工业总产值占当年全国工业总产值的 89.6%。这次工业污染源调查取得了较好的成果，基本改变了我国长期以来工业污染底数不清的状况，在我国环境保护的各个方面发挥了积极作用。

第二阶段（1991—2000 年）：环境统计管理制度的加强

1991 年，由国家环保局、农业部、国家统计局联合组织开展了首次全国乡镇工业污染源调查，此次调查的基准年为 1989 年，凡排放污染物的乡镇工业均为调查对象，共调查了 57.3 万个乡镇工业企业。

“八五”期间（1991—1995 年），国家环保局着手全国环境统计调查体系的改革，当时在 9 省市开展调查、重点调查和抽样调查的试点。1995 年，国家环保局颁布《环境统计管理暂行办法》（国家环保局令第 17 号），对于环境统计的任务与内容、环境统计的管理、环境统计机构和人员及其职责等，做了明确的规定。

1996 年，国家环保局、农业部、财政部、国家统计局联合组织了“全国乡镇工业污染源调查”，调查的基准年为 1995 年，整个调查工作到 1997 年年底结束。此次调查的乡镇工业污染源为 121.6 万个。1997 年，在乡镇污染源调查工作的基础上，环境统计的调查范围增加了乡镇工业企业污染物排放的统计，同时还增加了对社会生活及其他污染主要指标的统计。

第三阶段（2001—2005 年）：环境统计制度的改进和完善

2001 年，国家环保总局制定并执行了“十五”环境统计报表制度，与“九五”相比，“十五”环境统计报表在扩大调查范围、充实调查项目、提高数据质量要求和数据分析利用水平等方面有了改进。2002 年，增加了环境统计半年报。2003 年，国家环保总局对环境统计提出了新的要求，开展了“三表合一”试点工作，即为了统一企业污染物排放的调查数据，决定将环境统计、排污申报登记、排污收费制度等污染源调查三者合并进行，简称为“三表合一”，要求“统一采集和核定重点工业污染源的排污数据”，力求改变原先同一个污染源数出多门甚至数据各异的局面，以实现对排污者信息填报的统一布置与数据共享。虽然“三表合一”试点工作最终没有在全国推行，但却是环境统计发展改革进程中的重要事件，为今后环境统计的改革发展积累了经验、奠定了基础，具有重要意义。

2005 年 9 月，国家环保总局印发了《关于加强和改进环境统计工作的意见》（环发〔2005〕100 号），系统总结了自环境统计工作开展以来存在的主要问题，对问题产生的原因进行了分析，并提出了“十一五”期间加强和改进环境统计工作的目标和主要任务。该意见为“十一五”环境统计工作的改进奠定了基础。

第四阶段（2006 年至今）：环境统计制度的全面提升

2006 年，国家环保总局在认真分析总结“十五”环境统计工作的基础上，研究并制定了“十一五”环境统计报表制度。2006 年 11 月，国家环保总局发布了修订的《环境统计管理办法》（国家环境保护总局令第 37 号），对环境统计内容进行了调整，规定了环境统计调查制度、各相关部门的职责、环境统计资料的管理和发布以及奖惩办法。

我国经济持续快速发展，结构调整步伐加快，企业数量快速增加，而且变动频繁，资源能源消耗量大幅上升，人口急剧增加。新的工业污染源、农业面源和生活源污染日益严重，成为制约我国全面落实科学发展观的重要“瓶颈”之一。为了把全国污染源的最新情况摸清楚，全面了解环境污染的国情，为优化经济结构、科学制定经济社会政策，建设环境友好型社会奠定基础，国务院决定在全国范围内开展第一次全国污染源普查工作。2006 年 10 月 12 日，国务院印发了《关于开展第一次全国污染源普查的通知》（国发〔2006〕36 号），成立了曾培炎副总理任组长的国务院普查领导小组。2007 年 2 月 4 日，国家环保总局印发《关于成立第一次全国污染源普查工作办公室的通知》（环函〔2007〕47 号），成立第一次全国污染源普查工作办公室。2007 年 4 月 11 日，中共中央政治局委员、国务院副总理曾培炎主持召开国务院第一次全国污染源普查领导小组第一次会议，审议并通过了《第一次全国污染源普查方案》，并对下一步普查工作做出了部署。国务院办公厅于 2007 年 5 月 17 日发出《关于印发〈第一次全国污染源普查方案〉的通知》（国办发〔2007〕37 号）。2007 年 10 月 9 日，国务院总理温家宝签署第 508 号国务院令，颁布实施《全国污染源普查条例》，为全国污染源普查提供了强有力的法制保障。财政部下发了《关于下达 2007 年第一次全国污染源普查项目预算的通知》，国务院第一次全国污染源普查领导小组办公室制定了《第一次全国污染源普查项目经费预算编制指南》（国污普办〔2007〕1 号），明确要求将污染源普查工作经费列入各级政府财政预算予以保障。第一次全国污染源普查的基准年是 2007 年。普查对象是排放污染物的工业源、农业源、城镇生活源（包括机动车）和集中式污染治理设施。普查内容包括各类污染源的基本情况、主要污染物的产生和排放数量、污染治理情况等。此次普查对象总数 592.6 万个，包括工业源 157.6 万个、农业源 289.9 万个、生活源 144.6 万个、集中式污染治理设施 4 790 个。

“十一五”以来国家开始实施主要污染物总量控制，2007 年和 2013 年分别发布了《国务院批转节能减排统计监测及考核实施方案和办法的通知》（国发〔2007〕36 号）、《关于印发〈“十二五”主要污染物总量减排统计、监测办法〉的通知》（环发〔2013〕14 号）等文件，对主要污染物环境统计工作要求进行了规范。

2011 年，环境保护部在“十一五”环境统计报表制度、第一次全国污染源普查等工作基础上，研究制定并发布实施了“十二五”环境统计报表制度。2013 年，环境保护部发布了《关于开展国家重点监控企业环境统计数据直报工作的通知》（环办〔2013〕91 号），开展“十二五”国控重点监控企业季报直报工作。

表 2-1　环境统计的发展历程

年份	主要发展历程
1979	国务院环境保护领导小组办公室组织对全国 3 500 多个大中型企业的环境基本状况进行调查
1980	国务院环境保护领导小组与国家统计局联合建立了环境保护统计制度
1981	在全国范围内开展了环境统计工作，推行环境统计报表制度
1985	国家环保局颁布《关于加强环境统计工作的规定》（〔85〕环政字第 104 号）

年份	主要发展历程
1985—1989	国家经委、国家环保局、国家统计局、国家科委、财政部联合开展“全国工业污染源调查”
1991	国家环保局、农业部、国家统计局联合组织开展了首次全国乡镇工业污染源调查
1995	国家环保局颁布《环境统计管理暂行办法》（国家环保局令第 17 号），这是关于环境统计的第一个法规性文件 国家环保局和农业部联合进行“全国乡镇企业污染情况调查”
1996—1997	国家环保局、农业部、财政部、国家统计局联合组织了“全国乡镇工业污染源调查”
1997	环境统计的调查范围增加了乡镇工业企业污染物排放的统计，同时还增加了对社会生活及其他污染主要指标的统计，国家环保局制定并实施了新的“九五”环境统计报表制度
2001	国家环保总局制订并执行“十五”环境统计报表制度和环境统计专业报表制度
2002	增加了环境统计半年报
2003	国家环保总局提出修订《环境统计管理暂行办法》，改革、完善统计指标和方法，开展“三表合一”试点工作
2005	国家环境保护总局印发《关于加强和改进环境统计工作的意见》（环发〔2005〕100 号）
2006	国家环保总局办公厅印发《关于实施〈环境统计季报制度〉的通知》（环办函〔2006〕543 号），要求各地向总局有关业务部门报送季度汇总数据及统计分析 国家环保总局制订并执行“十一五”环境统计报表制度 国家环保总局发布修订后的《环境统计管理办法》（国家环境保护总局令第 37 号）
2007	发布《国务院批转节能减排统计监测及考核实施方案和办法的通知》（国发〔2007〕36 号）
2007—2009	国务院开展第一次全国污染源普查
2009—2010	环境保护部双轨并行，制订并实施 2009 年度和 2010 年度污染源普查动态更新调查，与“十一五”环境统计报表制度并行实施
2011	环境保护部制订并执行“十二五”环境统计报表制度
2013	环境保护部发布《关于开展国家重点监控企业环境统计数据直报工作的通知》（环办〔2013〕91 号），开展“十二五”国控重点监控企业季报直报

环境统计信息系统是环境统计工作重要的技术支撑，为提高环境统计信息的现代化管理水平，国家环保局于 1987 年组织技术人员开发了第一个环境统计软件，并辅助各省、自治区、直辖市环保局配备计算机，1989 年基本实现了各地向国家环保局报送统计年报数据软盘。之后，为适应“八五”环境统计报表制度实施的需要，国家环保局与清华大学联合开发了第二个环境统计软件并推广应用。“九五”期间，为适应环境统计报表制度的变化，国家环保局委托江苏省环境信息中心对环境统计软件进行了改版升级，之后的“十五”和“十一五”环境统计软件均由江苏省环境信息中心开发、维护。“十二五”环境统计软件由东软集团股份有限公司开发，目前正在使用。

2.2　环境统计调查制度类别及历史沿革

2.2.1　概述

环境统计调查制度是环境统计的核心。从国际上来看，1972 年斯德哥尔摩《人类环境会议》以后，各国开始发展各自的环境统计。但由于各国社会制度、经济发展的水平不同，所处的自然条件、地理位置也各具特点，因此，统计的范围、指标体系和工作的开展情况在各个国家之间也不尽相同。

30 多年来，我国环境统计调查制度不断完善，逐步形成目前的体系。按照调查周期的不同，我国目前的环境调查制度有年报、定期报表（半年报和季报）、专项调查、普查 4 种形式。其中年报和季报根据调查对象类别的不同，又可进一步分为综合年报和专业年报两类。综合年报主要是为了了解全国环境污染排放和治理情况，调查对象为排放污染或进行污染治理的单位；专业年报主要是为了了解全国环境管理工作情况和环保系统自身建设情况，调查对象为与环境管理有关的行政机构。我国环境统计调查制度总体发展过程见图 2-1。

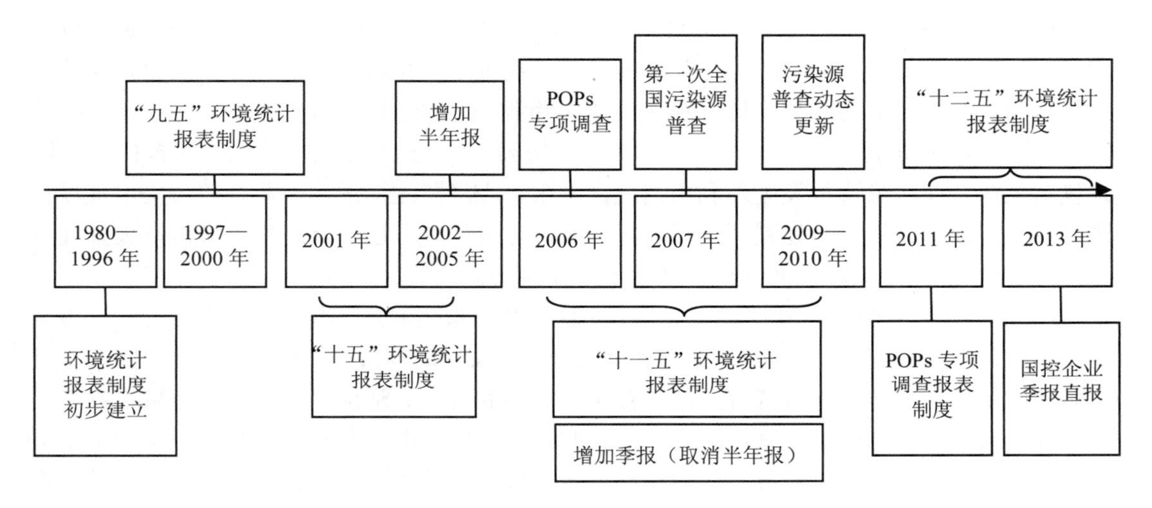

图 2-1　我国环境统计调查制度发展历程

2.2.2　综合年报调查制度的沿革

20 世纪七八十年代，由于我国的环境保护工作处在初创阶段，环境保护机构还很不健全，尤其是环境统计人员的配备和培训在我国还是从零开始。因此，本着需要和可能的原则，1980 年国务院环境保护领导小组和国家统计局联合颁发的环境保护统计报表还仅仅局限在反映环境污染和治理的基本方面。报表共有 4 种：省、自治区"三废"排放情况，现有企、事业污染治理情况，主要工业城市环境污染状况，大中型工业企业环境保护基本情况（卡片）。环境统计指标分为数量指标和质量指标两大类。属于数量指标的有废水排放总量、废气中有害物质排放量、废渣产生量、生活垃圾产生量等，这些数量指标是计算环境质量指标和分析研究环境状况的基础。属于质量指标的有废水处理率、废渣回收利用率"三废"处理能力等，它们分别由两个有联系的数量指标对比而成，一般用倍数、百分比等来表示，以反映环境现象的发展程度和经济效果。

1997 年我国开始实施"九五"环境统计报表制度，包括工业企业污染排放及处理利用情况、工业企业污染治理项目建设情况、城市污水处理厂运行情况、生活污染及其他排放情况 4 部分内容。对工业污染源的调查范围只限定在县以上国有工业和乡镇工业两个范畴。环境统计年报的报告期为自上年 12 月初至当年 11 月底。

2001 年环保总局制订了"十五"环境统计报表制度，与"九五"环境统计报表制度相比，在扩大调查范围、充实调查项目、提高数据质量要求和数据分析利用水平等方面进行了改革。主要变动有以下 4 个方面：①适当扩大环境统计调查范围：扩大了危险废物集中处置情况的统计范围；适当扩大了城镇生活污染治理的统计范围。除细化对城市污水处理状况的统计调查外，为了解和掌握城市垃圾无害化处理状况，增加了对城市垃圾无害化处理状况的统计调查。②调整年报报告期："十五"环境统计报表制度将年报报告期改为正常年度（当年 1 月至 12 月），在年初加报一次少量主要指标的快报表以满足管理的需要。③调整工业污染源重点调查单位的筛选方法："十五"环境统计报表制度规定的工业污染及治理的统计调查方法，依然是重点调查与科学估算相结合。其中对重点调查单位的筛选方法进行了调整，要求筛选出占本辖区排污申报登记中全部工业污染源排污总量 85%以上的工业污染源，与原有环境统计工业污染源重点调查单位相对照并进行补充调整，使统计的重点调查结果能够切实反映排污总量的变化趋势。④适当增加对重点工业污染源的统计调查频次，由重点调查单位在年中报一次半年报表。"十五"环境统计综合年报报表制度共包括工业企业污染排放及处理利用情况，废水、废气监测情况，工业企业污染治理项目建设情况，危险废物集中处置厂运行情况，城市污水处理厂运行情况表，城市垃圾处理厂（场）运行情况，生活污染及其他排放情况等 7 部分的内容。

2006 年国家环保总局制订了"十一五"环境统计报表制度。与"十五"环境统计报表制度相比，"十一五"环境统计报表制度在调查范围、调查频次和环境统计指标体系，以及对环境统计数据的上报方式等方面进行了调整和完善。为适应"十一五"总量控制工作的需要，加强对火电行业二氧化硫排放情况的监管，将火电行业从工业行业中单列出来进行调查，并增加了对企业自备电厂的统计调查；增加了对医院污染物排放的统计调查；删除了对城市垃圾处理厂（场）运行情况的统计调查。环境统计综合年报报表制度共包括工业企业污染排放及处理利用情况、火电企业污染排放及处理利用情况、工业企业污染治理项目建设情况、危险废物集中处理（置）厂运行情况、城市污水处理厂运行情况、医院污染排放及处理利用情况、生活污染及其他排放情况 7 部分的内容。

2011 年环境保护部制订了"十二五"环境统计报表制度。与"十一五"相比，主要有以下变化：①新增了农业污染源调查内容，细化了机动车污染调查统计，新增了生活垃圾处理厂（场）调查内容。②对于工业源，除继续保留火电行业报表外，新增了水泥、钢铁、造纸等重污染行业报表。③新增了废气中重金属产排情况，污染物产生量，生活源总磷、总氮等相关指标。④加强了工业源、集中式污染治理设施的台账指标和污染治理指标设置，细化了危险废物统计指标。⑤工业源重点调查对象的筛选和调整原则有所变化，工业源重点调查对象筛选的总体样本库由原来的排污申报登记数据库调整为第一次全国污染源普查数据库，且筛选和调整原则较"十一五"有所变化。"十二五"环境统计综合年报报表包括一般工业企业污染排放及处理利用情况，火电企业污染排放及处理利用情况，水泥企业污染排放及处理利用情况，钢铁冶炼企业污染排放及处理利用情况，制浆及造纸企业污染排放及处理利用情况，工业企业污染防治投资情况，各地区农业污染排放及处理情况，规模化畜禽养殖场/小区污染排放及处理利用情况，各地区城镇生活污染排放及处理情况，各地区县（市、区、旗）城镇生活污染排放及处理情况，各地区机动车污染源基本情况，各地区机动车污染排放情况，污水处理厂运行情况，生活垃圾处理厂（场）运行情况，危险废物（医疗废物）集中处理（置）厂运行情况 15 部分的内容。

我国环境统计综合年报调查制度的发展历程见表 2-2。

表 2-2　环境统计综合年报报表制度的发展历程

年份	报表制度	统计范围	报表内容
1981—1990		县及县以上的企、事业单位	“三废”排放情况，现有企、事业污染治理情况，主要工业城市环境污染状况，大中型工业企业环境保护基本情况
1991—1996		县及县以上有污染的工业企业	同上
1997—2000	“九五”环境统计报表制度	县及县以上有污染的工业企业，乡镇企业及其乡镇企业的非重点估算；城镇社会生活污染物排放纳入环境统计	工业企业污染排放及处理利用情况；工业企业污染治理项目建设情况；城市污水处理厂运行情况；生活污染及其他排放情况
2001—2005	“十五”环境统计报表制度	工业：85%的重点调查工业企业和 15%左右的非重点估算。生活：城镇社会生活污染物排放；生活污染排放统计中扩大了危险废物集中处置情况的统计范围，细化了对城市污水处理状况的统计，增加了对社会城市垃圾无害化处理情况的统计调查（2003 年取消了该部分内容）	工业企业污染排放及处理利用情况；废水、废气监测情况；工业企业污染治理项目建设情况；危险废物集中处理（置）厂运行情况；城市污水处理厂运行情况；城市垃圾处理厂（场）运行情况；生活污染及其他排放情况
2006—2010	“十一五”环境统计报表制度	工业：85%的重点调查工业企业和 15%左右的非重点估算；火电行业单列调查，并增加了对企业自备电厂的统计调查；增加了对医院污染物排放的统计调查。生活：城镇社会生活污染物排放；删除了对城市垃圾处理厂（场）运行情况的统计调查；增加了对医院废水、医疗废物污染排放及处理利用情况统计	工业企业污染排放及处理利用情况；火电企业污染排放及处理利用情况；工业企业污染治理项目建设情况；危险废物集中处理（置）厂运行情况；城市污水处理厂运行情况；医院污染排放及处理利用情况；生活污染及其他排放情况
2011 年至今	“十二五”环境统计报表制度	工业：85%的重点调查工业企业和 15%左右的非重点估算；除继续保留火电行业报表外，新增了水泥、钢铁、造纸等重污染行业报表。生活：城镇社会生活污染物排放；新增了生活垃圾处理厂（场）调查内容。将农业源（种植、水产、畜禽养殖）纳入环境统计调查。将机动车从生活源中单列出来调查	一般工业企业污染排放及处理利用情况；火电企业污染排放及处理利用情况；水泥企业污染排放及处理利用情况；钢铁冶炼企业污染排放及处理利用情况；制浆及造纸企业污染排放及处理利用情况；工业企业污染防治投资情况；各地区农业污染排放及处理情况；规模化畜禽养殖场/小区污染排放及处理利用情况；各地区城镇生活污染排放及处理情况；各地区县（市、区、旗）城镇生活污染排放及处理情况；各地区机动车污

年份	报表制度	统计范围	报表内容
			染源基本情况；各地区机动车污染排放情况；污水处理厂运行情况；生活垃圾处理厂（场）运行情况；危险废物（医疗废物）集中处理（置）厂运行情况

注：同一时期各报表制度中具体指标中间有调整。

2.2.3 专业年报调查制度的沿革

20 世纪 80 年代，为了及时、全面地掌握环保队伍本身的建设和发展情况，制定了环保系统人员和专业技术干部基本情况，环保系统所属建筑物情况，环保系统机动车（船）拥有情况，环保系统主要仪器、设备拥有情况 4 种专业级表。

“九五”环境统计专业报表包括环境信访工作、环境保护档案工作、环境法制工作、环境保护机构、环境污染控制与管理、环境污染与破坏事故、建设项目环境影响评价和“三同时”执行、征收排污费、环境科技工作、环境宣传教育工作、自然保护工作 11 个方面的内容。

“十五”期间增加了 5 张表：环境污染治理投资情况、年度环保计划完成情况、“两控区”污染控制情况、生态功能保护区建设情况及农村面源污染治理情况。环保总局机关各部门负责本专业全国统计数据的审核把关，规划与财务司归口管理。

“十一五”期间增加了环保产业、环境宣教等专业报表，删除了绿色工程规划第二期、年度计划完成情况、污染治理投资情况、生态示范区建设主要情况、生态功能保护区名录等专业报表。对环境统计专业报表数据的上报方式进行了调整，采取由总局统一布置、各省级环保部门相关业务处（室）负责实施的方式；各专业报表数据由地方各级环保部门相关业务部门负责收集、汇总、审核后，报送上一级环保部门的相关业务部门，同时抄送同级环境统计部门，以提高专业报表数据的及时性和准确性。新制度将报表的报告期调整为完整年度，即报告期为当年的 1 月至 12 月。

“十二五”期间将原有环境统计专业报表整合简化为环境管理内容，纳入环境统计报表制度，不再区分环境统计综合年报和专业年报。

表 2-3 环境统计专业年报报表制度的发展历程

<table>
<tr><th>年份</th><th>报送方式</th><th>统计内容</th></tr>
<tr><td>1981—1996</td><td rowspan="3">环境统计主管部门归口管理</td><td>环保系统人员和专业技术干部基本情况，环保系统所属建筑物情况，环保系统机动车（船）拥有情况，环保系统主要仪器、设备拥有情况</td></tr>
<tr><td>1997—2000</td><td>环境信访工作；环境保护档案工作；环境法制工作；环境保护机构；环境污染控制与管理；环境污染与破坏事故；建设项目环境影响评价和“三同时”执行；征收排污费；环境科技工作；环境宣传教育工作；自然保护工作</td></tr>
<tr><td>2001—2005</td><td>环境信访工作；环境保护档案工作；环境法制工作；环境保护机构；环境污染控制与管理；环境污染与破坏事故；建设项目环境影响评价和“三同时”执行；征收排污费；环境科技工作；环境宣传教育工作；自然保护工作基本；环境污染治理投资；年度环保计划完成；“两控区”污染控制；生态功能保护区建设及农村面源污染治理</td></tr>
</table>

年份	报送方式	统计内容
2006—2010	各业务部门收集报送	环境保护人大建议、政协提案办理；环境保护档案工作；排污费使用；环境法制工作；环境保护机构和人员；环境保护机构明细；环境科技工作；环境保护产业；环境监测工作；环境污染控制与管理；生态保护工作；自然保护区名录；建设项目环境影响评价执行；建成项目竣工环保验收执行；排污费征收；环境行政处罚案件明细；环境监督执法及违法案件查处；污染源自动监控；排污申报核定；环境宣教
2011 年至今	并入环境统计综合年报	环境管理共一张报表，内容含：环保机构、环境信访与法制、能力建设、污染控制、环境监测、自然生态保护、突发环境事件、环境宣传教育、污染源自动监控、排污费征收、环境影响评价、建设项目竣工环境保护验收等工作情况

2.2.4　季报调查制度的沿革

按照国家环保总局《关于实施环境统计季报制度的通知》（环办函〔2006〕543 号）要求，从 2006 年第三季度开始，对环境质量、环境信访、建设项目管理、突发环境事件、排污收费管理情况以及国家重点监控企业污染物排放量实行季报制度。2007 年开始统一将季报制度纳入环境统计报表制度和环境统计专业报表制度。2008 年增加了国家重点监控企业季报直报，即每个季度终了 5 个工作日以内，市级环保局直接将企业报表通过邮箱报送环保部，而不经过省级环保局，但是省级环保局在每个季度终了 15 个工作日以内还需通过邮箱上报。

2011 年开始实施“十二五”环境统计报表制度，不再对专业报表部分进行季报，在原有国控企业的基础上，增加了火力发电、水泥制造、钢铁冶炼、纸浆造纸等重污染行业和污水处理厂的季报。报送方式改为企业通过季报直报系统直接报送环保部。由于该业务系统的开发、上报流程管理较为复杂，通过两年多的探索，2013 年第四季度正式开始试运行。

表 2-4　环境统计季报报表制度的发展历程

年份	统计内容
2006	国控重点工业企业主要污染物排放 环境信访、建设项目管理、环境污染与破坏事故、环境质量和排污收费
2007—2010	国控重点企业工业企业主要污染物排放 环境信访、建设项目管理、审批项目污染物排放总量、“三同时”验收、突发环境事件、排污收费
2013 年至今	国控重点工业企业、火力发电企业、水泥制造企业、钢铁冶炼企业、制浆造纸企业污染排放及处理利用情况、污水处理厂污染排放及处理利用情况

2.2.5　第一次全国污染源普查及动态更新调查

普查一般是一个国家或地区为详细了解某项重要信息而专门组织的一次性、大规模调查，主要用来收集某些不能够或不适宜用定期的全面调查报表收集的信息资料，通常用于获得一定时点或时期范围内的社会经济现象的总量。普查的优点是可以获得最全面、系统的信息资料，且误差小、精度高。缺点是调查内容有限，一般只能调查最基本和最重要的项目，且普查需要消耗大量人力、物力、财力以及时间，组织工作相当繁重，所以往往不能持续每年进行，一般对同一专题的调查要隔数年进行一次，如人口普查 10 年一次，这也造成了普查数据的连续性一般较差。

污染源普查是指为了了解各类企事业单位与环境有关的基本信息，建立健全各类重点污染源档案和各级污染源信息数据库，为制定经济社会政策提供依据而组织的调查，主要用来获得一定时点或时期范围内的污染源总体情况。

第一次全国污染源普查（以下简称“污普”）的组织实施遵循“全国统一领导，部门分工协作，地方分级负责，各方共同参与”的基本原则。国务院第一次全国污染源普查领导小组负责普查的组织和实施工作，国务院普查领导小组办公室设在环境保护部，负责普查工作的业务指导和督促检查。国务院普查领导小组办公室由环保部、统计局、中宣部、发改委、公安部、财政部、城乡建设部、农业部、工商总局、总后勤部等 10 个部门组成。环境保护部牵头会同有关部门开展“污普”工作，负责拟定全国污染源普查方案和不同阶段的分工方案，制定有关技术规范，组织普查工作的试点和培训，负责污染源监测，对普查数据进行汇总、分析和结果发布，组织普查工作的验收。地方县及以上人民政府设立行政区域“污普”领导小组及其办公室，负责组织实施本地区的污普工作。普查领导小组办公室设立了工作机构——第一次全国污染源普查工作办公室，具体组织开展普查工作，下设综合协调组、监测技术组、现场调查组、数据处理组和农业组 5 个工作组。

“污普”标准时点为 2007 年 12 月 31 日，时期为 2007 年度。调查对象包含境内所有排放污染物的工业源、农业源、生活源和集中式污染治理设施。具体而言，工业源的调查对象为《国民经济行业分类》（GB/T 4754—2002）中采矿业，制造业，电力、燃气及水的生产和供应业 3 个门类 39 个行业的所有产业活动单位。农业源包括种植业（粮食作物、经济作物和蔬菜作物主产区）、畜禽养殖业（以舍饲、半舍饲规模化养殖单元为对象，调查猪、奶牛、肉牛、蛋鸡和肉鸡养殖过程中产生的畜禽粪便和污水）、水产养殖业（以池塘养殖、网箱养殖、围栏养殖、工厂化养殖以及浅海筏式养殖、滩涂增养殖等有饲料、渔药、肥料投入的规模化养殖单元为对象，调查鱼、虾、贝、蟹等养殖过程中产生的污染）。生活源包括城镇生活源，以及具有一定规模的住宿业与餐饮业、居民服务业和其他服务业、医院、独立燃烧设施、机动车等第三产业污染源，还包括太湖、巢湖、滇池流域和三峡库区等重点流域农村生活过程中产生的生活垃圾和生活污水。集中式污染治理设施包括污水处理厂、生活垃圾处理厂（场）、危险废物集中处理（置）厂、医疗废物集中处理（置）厂。各类源的调查对象与内容见表 2-5。

2010 年、2011 年开展为期两年的动态更新调查工作，以 2007 年污染源普查数据和普查方法为基础，通过更新调查，获取 2009 年和 2010 年污染源排放数据，为“十二五”环境保护和污染减排工作奠定基础，为环境统计改革进行练兵。动态更新调查制度调查范围基本与普查保持一致，在具体调查内容和指标上有所改动，如动态更新不包括辐射、放射性、持久性有机污染物以及消耗臭氧层物质等，具体见表 2-5。

表 2-5　“污普”及动态更新报表制度对比

年份	调查对象			调查内容
2007	工业源		《国民经济行业分类》（GB/T 4754—2002）中采矿业，制造业，电力、燃气及水的生产和供应业 3 个门类 39 个行业的所有产业活动单位	工业企业的基本情况；主要产品、主要原辅材料消耗量、能源结构和消耗量以及与污染物排放相关的燃料含硫量、灰分等；用水、排水情况，包括排水去向信息；各类产生污染的设施情况，以及各类污染处理设施建设、运行情况等；废水和废气的产、排污及综合利用情况；固体废物（包括危险废物）的产生、利用、处置、贮存及倾倒丢弃情况；污染源监测结果；电磁辐射设备和放射性同位素与射线装置情况；持久性有机污染物和消耗臭氧层物质普查
	集中式污染治理设施		污水处理厂、垃圾处理厂（场）、危险废物处理（置）厂和医疗废物处理（置）厂	单位基本情况，包括单位名称、代码、位置信息、联系方式等；污染治理设施建设与运行情况；能源消耗，污染物处理、处置和综合利用情况；二次污染的产生、治理、排放情况；污染物排放量和监测数据等
	农业源	种植业	粮食作物、经济作物和蔬菜作物主产区	地块基本情况，包括地块面积、类型、坡度、种植方向、耕作方式、排水去向等；肥料（包括化肥和有机肥）的施用和流失情况；污染重、难降解、用量大、未禁用的农药施用和流失情况；地膜残留污染；粮食作物秸秆及其去向
		畜禽养殖业	以舍饲、半舍饲规模化养殖单元为对象，调查猪、奶牛、肉牛、蛋鸡和肉鸡养殖过程中产生的畜禽粪便和污水	畜禽养殖基本情况，包括饲养目的、畜禽种类、存栏量、出栏量、饲养阶段、各阶段存栏量、饲养周期等；污染物产生和排放情况，包括污水产生量、清粪方式、粪便和污水处理利用方式、粪便和污水处理利用量、排放去向等
		水产养殖业	以池塘养殖、网箱养殖、围栏养殖、工厂化养殖以及浅海筏式养殖、滩涂增养殖等有饲料、渔药、肥料投入的规模化养殖单元为对象，调查鱼、虾、贝、蟹等养殖过程中产生的污染	养殖基本情况，包括养殖品种、养殖模式、养殖水体、养殖类型、养殖面积/体积、投放量、产量、废水排放量及去向、水体交换情况、换水频率、换水比例等 投入品使用情况，包括饲料名称、主要成分及含量、使用量；肥料名称、主要成分及含量、施用量、施用方法；渔药名称、主要成分及含量、施用量、施用方法等
	重点流域农村生活源		太湖、巢湖、滇池流域和三峡库区农村生活过程中产生的生活垃圾和生活污水	不同流域、不同经济条件、不同生活方式下的农村常住人口数量，生活污水和生活垃圾的产生、处理、利用、排放情况
	生活源	城镇居民生活	设区城市的区、县城（县级市）、建制镇（不包括村庄和集镇）	能源消费：包括生活用能源结构、能源消费量、平均硫分、平均灰分等；用水、排水：包括生活用水总量、居民家庭用水总量、排放去向和受纳水体等；生活垃圾：包括生活垃圾清运量、生活垃圾处置方式及处置量等
		住宿业与餐饮业	床位数≥30 张的住宿业，餐位数≥30 个的餐饮业	包括行业基本情况，用水、污水处理与排水情况，锅炉基本情况；住宿业须另填报宾馆饭店等级代码、床位数和年平均入住率，餐饮业须另填报经营面积、餐位数、固定灶头数与油烟净化器数

年份	调查对象			调查内容
2007	生活源	居民服务和其他服务业	洗染服务业设备总容量≥20 kg，理发业理发座位数≥3 个，美容保健服务业美容和保健床位总数≥3 张，洗浴服务业澡堂（桑拿）衣柜数或沐足座位数≥20 个，摄影扩印服务业有扩印设备，汽车、摩托车维护与保养业（洗车业）有专业洗车设备或经营面积≥20 m^2	包括行业基本情况（行业类别、开业时间、经营天数、经营面积、生活垃圾收集方式），用水、污水处理与排水情况（包括用水总量、污水处理设施处理能力、污水实际处理量、污水处理工艺、排水去向等），锅炉基本情况（包括锅炉额定出力、锅炉燃料类型、燃料消费量、废气处理设施套数、废气处理设施处理总能力、废气实际处理量等）。洗染服务业须另填报设备总容量；理发及美容保健服务业须另填报理发座位数、美容和保健床位总数；洗浴服务业须另填报澡堂（桑拿）衣柜数、沐足座位数；摄影扩印服务业须另填报扩印设备总能力、日平均扩印照片数；汽车、摩托车维护与保养业（洗车业）须另填报车位数、专业洗车设备情况等
		医院	床位数≥20 张	包括行业基本情况（行业类别、开业时间、床位数），用水、污水处理与排水情况（包括用水总量、污水处理设施处理能力、污水实际处理量、污水处理工艺、排水去向等），锅炉基本情况（包括锅炉额定出力、锅炉燃料类型、燃料消费量、废气处理设施套数、废气处理设施处理总能力、废气实际处理量等），固体废物基本情况（包括生活垃圾收集方式、医疗垃圾的产生量、处置方式及处置量），医用电磁辐射设备（频率大于 500 Hz 且功率大于 5 kW）和放射源与射线装置等
		独立燃烧设施	锅炉额定出力≥0.7 MW（1 蒸吨/h）	包括锅炉及其运行情况、废气处理设施套数、废气处理设施处理总能力、废气实际处理量、燃料种类、消费量、硫分与灰分等
		机动车		按直辖市、地区（市、州、盟）为单位填报机动车分类登记在用数量
2009	工业源		《国民经济行业分类》（GB/T 4754—2002）中采矿业，制造业，电力、燃气及水的生产和供应业 3 个门类 39 个行业的所有产业活动单位	工业企业的基本情况，包括单位名称、代码、位置信息、联系方式、经济规模、登记注册类型、行业分类等；主要产品、主要原辅材料消耗量、能源结构和消耗量以及与污染物排放相关的燃料含硫量、灰分等；用水、排水情况，包括排水去向信息；各类产生污染的设施情况，以及各类污染处理设施建设、运行情况等（锅炉、炉窑）；废水和废气的产、排污及综合利用情况；固体废物（包括危险废物）的产生、利用、处置、贮存及倾倒丢弃情况；污染源监测结果
	集中式污染治理设施		污水处理厂、垃圾处理厂（场）、危险废物处理（置）厂和医疗废物处理（置）厂	单位基本情况，包括单位名称、代码、位置信息、联系方式等；污染治理设施建设与运行情况；能源消耗、污染物处理、处置和综合利用情况；二次污染的产生、治理、排放情况；污染物排放量和监测数据等
	农业源	种植业	以县（区）为调查对象，针对耕地、保护地和园地面积以及地表径流与地下淋溶的污染物排放开展调查	各县（区）的耕地、保护地和园地面积

年份	调查对象			调查内容
2009	农业源	畜禽养殖业	以舍饲、半舍饲规模化养殖单元为对象，针对猪、奶牛、肉牛、蛋鸡和肉鸡养殖过程中产生的畜禽粪便和污水开展调查	畜禽养殖基本情况：包括饲养目的、畜禽种类、存栏量、出栏量、饲养阶段、各阶段存栏量、饲养周期等；污染物产生和排放情况：包括污水产生量、清粪方式、粪便和污水处理利用方式、粪便和污水处理利用量、排放去向等
		水产养殖业	所有规模化水产养殖场和水产养殖专业户	主要包括鱼、虾、贝、蟹等水产养殖产品的污染物产生情况，具体包括：养殖品种、养殖模式、养殖水体、养殖类型、养殖面积/体积、投放量、产量、废水排放量及去向、水体交换情况、换水频率、换水比例等
	生活源	城镇居民生活	设区城市的区、县城（县级市）、建制镇（不包括村庄和集镇），包括普查中的“住宿业与餐饮业、居民服务和其他服务业、医院和独立燃烧设施以及城镇居民生活污染源”	能源消费：包括生活用能源结构、能源消费量、平均硫分、平均灰分等；用水、排水：包括生活用水总量、居民家庭用水总量、排放去向和受纳水体等；生活垃圾：包括生活垃圾清运量、生活垃圾处置方式及处置量等
		机动车		按直辖市、地区（市、州、盟）为单位填报机动车分类登记在用数量
2010	工业源		《国民经济行业分类》（GB/T 4754—2002）中采矿业，制造业，电力、燃气及水的生产和供应业，3 个门类 39 个行业的产业活动单位（不含军队产业活动单位）	工业企业的基本情况，包括单位名称、代码、位置信息、联系方式、经济规模、登记注册类型、行业分类等；主要产品、主要原辅材料及消耗量、主要能源及消耗量，以及相关燃料的含硫量、灰分等；用水、排水情况，包括排水去向信息；各类产生污染的设施情况（包括锅炉、炉窑等），以及各类污染处理设施建设、运行情况等；废水和废气污染物的产生、排放情况；固体废物、危险废物的产生、利用、处置、贮存及倾倒丢弃情况；污染源监测结果
	集中式污染治理设施		污水处理厂、垃圾处理厂（场）、危险废物处理（置）厂和医疗废物处理（置）厂	单位基本情况，包括单位名称、代码、位置信息、联系方式等；污染治理设施建设与运行情况；能源消耗、污染物处理、处置和综合利用情况；二次污染的产生、治理、排放情况；污染物排放量和监测数据等
	农业源	种植业	种植业以县（区）为基本单位进行调查	调查区域内耕地、保护地和园地的面积
		畜禽养殖业	以舍饲、半舍饲规模化的猪、奶牛、肉牛、蛋鸡和肉鸡养殖单元为调查对象	以县（区）为基本单位调查的内容是调查区域内规模化养殖场、养殖小区和养殖专业户的养殖总量；规模化养殖场和养殖小区发表调查的内容包括：畜禽养殖种类、存栏量、出栏量、饲养周期、清粪方式、粪便利用方式、尿液/污水处理方式等
		水产养殖业	以县（区）为基本单位进行调查	调查区域内鱼、虾、贝、蟹等人工养殖水产品的产量，以及网箱养殖的产量和面积等，其中，网箱养殖仅指淡水养殖中的网箱养殖产量和面积

年份	调查对象			调查内容
2010	生活源	城镇居民生活	设区城市的区、县城（县级市）、建制镇（不包括村庄和集镇），包括污染源普查中“住宿业与餐饮业、居民服务和其他服务业、医院和独立燃烧设施以及城镇居民生活污染源”	人口：城镇常住人口，指居住在城镇范围内的全部常住人口；能源消费：包括生活用能源类型、能源消费量、平均硫分、平均灰分等；用水：包括生活用水总量、居民家庭用水总量、公共服务用水总量等
		机动车		按直辖市、地区（市、州、盟）为单位填报机动车保有量中不同登记时间、不同车型的注册量，核算机动车污染物排放量

2.2.6 持久性有机污染物专项调查制度概述

持久性有机污染物（以下简称“POPs”）是对人类生存威胁最大的一类污染物之一，它们会造成人体内分泌系统紊乱、生殖和免疫系统破坏、诱发癌症、导致畸形、基因突变和神经系统疾病等，且在人体内滞留数代，严重威胁人类生存繁衍和可持续发展。《关于持久性有机污染物的斯德哥尔摩公约》中列入首批受控名单的 POPs 有滴滴涕、六氯苯、氯丹、灭蚁灵、毒杀芬、七氯、狄氏剂、异狄氏剂、艾氏剂、多氯联苯（PCBs）、二噁英和呋喃 12 种化学品。该公约于 2004 年 11 月 11 日正式对我国生效。

2005 年，为进一步加强我国对 POPs 的管理和履行公约的各项工作，国务院批准成立了由国家环保总局牵头，外交部、发展改革委、财政部等 11 个部门参加的国家履行 POPs 公约工作协调组，办公室设在国家环保总局，负责组织编写国家行动方案和其他履约工作。在已进行工作的基础上，为了进一步摸清 POPs 污染状况，落实我国的履约行动，保护生态环境和人民身体健康，开展 POPs 专项调查。

2006 年，国家环保总局发布《关于开展全国持久性有机污染物调查的通知》（环发〔2006〕207 号），成立全国 POPs 调查工作领导小组，组长由总局主管副局长担任，成员来自总局规划司、科技司、污控司、环监局、外经办。下设全国 POPs 调查办公室和专家组。办公室设在污染控制司，负责组织调查方案的制定和实施、调查工作的组织协调以及落实领导小组议定的事项、监督调查质量等。专家组由技术支持单位以及环保、农业、卫生、建设、相关工业行业协会等单位的专家组成，主要对调查技术规范编制、培训资料编制和讲解、调查问卷汇总和结果分析、协助指导地方工作等提供技术支持。调查基准年为 2006 年，调查内容包括：①调查二噁英类 POPs 的排放情况：二噁英类 POPs 的排放源调查，调查范围为以下 17 类重点排放源：废弃物焚烧（生活垃圾焚烧、危险废物焚烧、医疗废物焚烧、企业内部废物焚烧、污水污泥焚烧、焚烧废旧导线回收金属）、制浆造纸、水泥生产、铁矿石烧结、炼钢生产、焦炭生产、铸铁生产、镀锌钢生产、再生有色金属生产（再生铜、再生铝、再生铅、再生锌）、镁生产、黄铜和青铜生产、2，4-滴类产品生产、三氯苯酚生产、四氯苯醌生产、氯苯生产、聚氯乙烯生产、遗体火化，含企业自有的焚烧炉；焚烧等行业二噁英类 POPs 排放水平及周边土壤二噁英类 POPs 调查。②调查杀虫剂类 POPs 的生产、应用、库存和废弃情况：杀虫剂类 POPs 流通领域库存和废弃情况调查；

杀虫剂类 POPs 生产、应用领域情况调查。③调查 PCBs 的生产、应用和废弃情况。④初步调查环境介质 POPs 的污染状况：典型流域调查，选择海河天津段（140 km）作为典型流域，对该流域地表水、底泥、土壤中 POPs 的污染水平进行测试，了解该区域 POPs 的污染分布状况；杀虫剂类 POPs 典型污染源周边调查。

2009 年，在 2006—2008 年全国 POPs 调查工作的基础上，组织开展了全国 POPs 更新调查工作。主要目标为：完成二噁英类 POPs 重点排放行业的排放源信息的更新，补充进行二噁英类 POPs 排放因子监测，进一步评估二噁英类 POPs 排放状况；完成试点调查区域的流通领域杀虫剂类 POPs 废弃物信息的更新；扩大完成部分地区流通领域杀虫剂类 POPs 废弃物现状调查。

2011 年，为巩固“十一五”POPs 调查工作成果，掌握我国 POPs 污染源动态变化情况，建立 POPs 污染防治长效监管机制，经国家统计局批准，开始实施持久性有机污染物统计报表制度，该报表制度为年报。主要针对两类污染物：二噁英和多氯联苯（PCBs）。二噁英的统计范围主要包括废弃物焚烧、制浆造纸、水泥窑共处置固体废物、铁矿石烧结、炼钢生产、焦炭生产、铸铁生产、再生有色金属生产、镁生产和遗体火化 10 个主要行业。多氯联苯（PCBs）统计行业范围为含多氯联苯电力设备在用企业事业单位以及含多氯联苯废物产生、贮存企业和单位。调查内容包括：针对统计行业范围内的二噁英排放企业，收集统计企业的基本情况、产品产量、生产工艺及二噁英排放及其变化情况；针对含多氯联苯电力设备的在用企业事业单位和多氯联苯废物存储企业事业单位，收集统计含多氯联苯电力设备情况、含多氯联苯废物存储情况。

2.3　现行环境统计相关法律法规

30 多年来，我国的环境统计制度在《中华人民共和国环境保护法》（以下简称《环境保护法》）《中华人民共和国统计法》（以下简称《统计法》）等基本法律法规基础上不断完善，初步形成了我国环境统计制度框架体系，见表 2-6。

表 2-6　环境统计相关规章制度

类别	名称	颁布机构	实施时间
法律	中华人民共和国统计法（2009 年修订）	全国人大常委会	2010 年 1 月 1 日
	中华人民共和国环境保护法（2014 年修订）	全国人大常委会	2015 年 1 月 1 日
行政法规	全国污染源普查条例	国务院	2007 年 10 月 9 日
	中华人民共和国统计法实施细则	国务院	2006 年 2 月 1 日
部门规章	统计违法违纪行为处分规定（18 号令）	监察部、人力资源和社会保障部、国家统计局	2009 年 5 月 1 日
	环境统计管理办法（37 号令）	原国家环保总局	2006 年 12 月 1 日
	统计执法检查规定（9 号令）	国家统计局	2006 年 7 月 17 日
	部门统计调查项目管理暂行办法（4 号令）	国家统计局	1999 年 10 月 27 日
	统计调查项目审批管理规定	国家统计局	1998 年 10 月 5 日

类别	名称	颁布机构	实施时间
规范性文件	部门统计分类标准管理办法(国统字〔2012〕62号)	国家统计局	2012年7月2日
	关于印发“十二五”主要污染物总量减排统计、监测办法的通知（国发〔2007〕36号）	环境保护部、国家统计局、国家发展和改革委员会、监察部	2013年1月24日
	关于加强和改进环境统计工作的意见(环发〔2005〕100号)	原国家环保总局	2005年9月13日
	关于开展环境统计年报工作的通知	环境保护部	每年

注：截至2015年1月。

2.3.1　法律依据

统计调查项目包括国家统计调查项目、部门统计调查项目和地方统计调查项目，环境统计属于部门统计调查项目。环境统计制度的两个主要的上位法是《环境保护法》和《统计法》。

《环境保护法》中与环境统计相关内容有两个方面。

第一，政府负有对辖区污染防治状况监管的责任，环境统计是重要的基础，具体条款包括：

第十条　国务院环境保护主管部门，对全国环境保护工作实施统一监督管理；县级以上地方人民政府环境保护主管部门，对本行政区域环境保护工作实施统一监督管理。

县级以上人民政府有关部门和军队环境保护部门，依照有关法律的规定对资源保护和污染防治等环境保护工作实施监督管理。

第十三条　县级以上人民政府应当将环境保护工作纳入国民经济和社会发展规划。

国务院环境保护主管部门会同有关部门，根据国民经济和社会发展规划编制国家环境保护规划，报国务院批准并公布实施。

县级以上地方人民政府环境保护主管部门会同有关部门，根据国家环境保护规划的要求，编制本行政区域的环境保护规划，报同级人民政府批准并公布实施。

环境保护规划的内容应当包括生态保护和污染防治的目标、任务、保障措施等，并与主体功能区规划、土地利用总体规划和城乡规划等相衔接。

第四十四条　国家实行重点污染物排放总量控制制度。重点污染物排放总量控制指标由国务院下达，省、自治区、直辖市人民政府分解落实。企业事业单位在执行国家和地方污染物排放标准的同时，应当遵守分解落实到本单位的重点污染物排放总量控制指标。

对超过国家重点污染物排放总量控制指标或者未完成国家确定的环境质量目标的地区，省级以上人民政府环境保护主管部门应当暂停审批其新增重点污染物排放总量的建设项目环境影响评价文件。

第四十五条　国家依照法律规定实行排污许可管理制度。

实行排污许可管理的企业事业单位和其他生产经营者应当按照排污许可证的要求排放污染物；未取得排污许可证的，不得排放污染物。

第五十四条　国务院环境保护主管部门统一发布国家环境质量、重点污染源监测信息及其他重大环境信息。省级以上人民政府环境保护主管部门定期发布环境状况公报。

第二，重点排污单位应如实公开排污状况，具体条款包括：

第五十五条　重点排污单位应当如实向社会公开其主要污染物的名称、排放方式、排放浓度和总量、超标排放情况，以及防治污染设施的建设和运行情况，接受社会监督。

第六十二条　违反本法规定，重点排污单位不公开或者不如实公开环境信息的，由县级以上地方人民政府环境保护主管部门责令公开，处以罚款，并予以公告。

《统计法》中对部门统计调查项目的规定如下：

第十一条　部门统计调查项目是指国务院有关部门的专业性统计调查项目。

第十二条　部门统计调查项目由国务院有关部门制定。统计调查对象属于本部门管辖系统的，报国家统计局备案；统计调查对象超出本部门管辖系统的，报国家统计局审批。

第十三条　统计调查项目的审批机关应当对调查项目的必要性、可行性、科学性进行审查，对符合法定条件的，作出予以批准的书面决定，并公布；对不符合法定条件的，作出不予批准的书面决定，并说明理由。

第十四条　制定统计调查项目，应当同时制定该项目的统计调查制度，并依照本法第十二条的规定，一并报经审批或者备案。

统计调查制度应当对调查目的、调查内容、调查方法、调查对象、调查组织方式、调查表式、统计资料的报送和公布等作出规定。

统计调查应当按照统计调查制度组织实施。变更统计调查制度的内容，应当报经原审批机关批准或者原备案机关备案。

第十五条　统计调查表应当标明表号、制定机关、批准或者备案文号、有效期限等标志。

对未标明前款规定的标志或者超过有效期限的统计调查表，统计调查对象有权拒绝填报；县级以上人民政府统计机构应当依法责令停止有关统计调查活动。

第十六条　搜集、整理统计资料，应当以周期性普查为基础，以经常性抽样调查为主体，综合运用全面调查、重点调查等方法，并充分利用行政记录等资料。

重大国情国力普查由国务院统一领导，国务院和地方人民政府组织统计机构和有关部门共同实施。

第十七条　国家制定统一的统计标准，保障统计调查采用的指标涵义、计算方法、分类目录、调查表式和统计编码等的标准化。

国家统计标准由国家统计局制定，或者由国家统计局和国务院标准化主管部门共同制定。

国务院有关部门可以制定补充性的部门统计标准，报国家统计局审批。部门统计标准不得与国家统计标准相抵触。

2.3.2　《环境统计管理办法》

2006年11月4日发布第37号令《环境统计管理办法》，1995年6月15日国家环境保护局发布的《环境统计管理暂行办法》同时废止。《环境统计管理办法》对环境统计管理的概念、范畴、技术规范等做出了具体规定。

该办法指出环境统计的任务是对环境状况和环境保护工作情况进行统计调查、统计分析，提供统计信息和咨询，实行统计监督。

该办法规定环境统计的内容包括环境污染及其防治、环境质量统计、自然资源开发及其保护、生态保护、环境管理和环境保护系统自身建设以及环境经济、环保产业等其他有关环境保护的事项；对统计机构和人员设置提出要求，明确各级机构的职责。

该办法指出环境统计工作实行“统一管理、分级负责”，国家环保总局（现环境保护部）在国家统计局的业务指导下，对全国环境统计工作实行统一管理和组织协调。县级以上地方各级环保部门在同级统计行政主管部门的业务指导下，对本辖区的环境统计工作实行统一管理和组织协调。中央和地方有关行政管理部门、企业事业单位，在各级环保部门的业务（统计）指导下，负责本部门、本单位的环境统计工作。

该办法强调各级环保部门应加强环境统计机构、队伍和能力建设，设置专职的环境统计岗位、制定规范的岗位管理制度，培养环境统计人才，同时通过定期培训和交流，不断提高环境统计人员的业务素质，提高环境统计工作水平。

该办法对奖励和处罚做出了明确规定。指出各级环保部门要建立环境统计奖惩制度，从制度建设、机构建设、人员配备、数据质量、执法力度等方面进行考核，对在环境统计工作中作出显著成绩的环境统计机构和人员给予表彰奖励。

2.3.3 其他

为了科学、有效地组织实施全国污染源普查，保障污染源普查数据的准确性和及时性，我国制定了《全国污染源普查条例》，共 7 章 42 条，包括总则，污染源普查的对象、范围、内容和方法，污染源普查的组织实施，数据处理和质量控制，数据发布、资料管理和开发应用，表彰和处罚，附则等。《全国污染源普查条例》规定，“污染源普查的任务是，掌握各类污染源的数量、行业和地区分布情况，了解主要污染物的产生、排放和处理情况，建立健全重点污染源档案、污染源信息数据库和环境统计平台，为制定经济社会发展和环境保护政策、规划提供依据。”《全国污染源普查条例》规定，“全国污染源普查每 10 年进行 1 次，标准时点为普查年份的 12 月 31 日。”

2007 年，发布《国务院批转节能减排统计监测及考核实施方案和办法的通知》（国发〔2007〕36 号文），该通知要求充分认识建立节能减排统计、监测和考核体系的重要性和紧迫性。要切实做好节能减排统计、监测和考核各项工作，“要逐步建立和完善国家节能减排统计制度，按规定做好各项能源和污染物指标统计、监测，按时报送数据”。要加强领导、密切协作，形成全社会共同参与节能减排的工作合力。2013 年，环境保护部、国家统计局、国家发展和改革委员会、监察部四大部委联合发文（环发〔2013〕14 号），下发了《关于印发“十二五”主要污染物总量减排统计、监测办法的通知》。《“十二五”主要污染物总量减排统计办法》对化学需氧量、氨氮、二氧化硫、氮氧化物 4 项主要污染物的排放来源、统计频率、调查方法、污染物核算方法做出了详细的规定，明确了调查对象和县、市、省各级责任主体的工作内容和要求，并提出了相关保障措施和制度。

为了直接有效地指导各地开展环境统计工作，环境保护部每年发布开展环境统计年报工作的通知，对当年环境统计年报制度的总体要求、报表制度的变化做出具体规定和说明。

另外，地方政府也制定了一系列地方性规章制度，如新疆维吾尔自治区制定了《新疆维吾尔自治区污染源数据统一管理办法（试行）》；重庆市出台了《重庆市环境统计年报工作考核评比办法（试行）》；山东、广东等地区也陆续采取相应措施，加强环境统计法规制度建设。

2.4　我国现行环境统计管理体制

我国环境统计相关机构分为三类：环境保护行政主管部门的环境统计机构（以下简称“环境统计机构”），环境保护行政主管部门的相关职能机构（以下简称“环境统计职能机构”），环境统计范围内的机关、团体、企业事业单位。环境统计机构主要负责相关管理工作，环境统计职能机构承担环境统计的技术支持工作，各调查对象负责本单位的环境统计基础工作。

（1）环境统计机构

环境保护部污染物排放总量控制司下设统计处，归口管理全国环境统计工作。环境保护部有关司（办、局），负责本司（办、局）业务范围内的专业统计工作。专项调查报统计处备案，由相关业务司局具体负责相关工作。污染源普查由国务院统一领导，由环境保护部牵头，协同相关部门共同实施。

县级以上地方环境保护行政主管部门确定承担环境统计职能的机构，负责归口管理本级环境统计工作。目前我国多数省份将环境统计机构设置在总量处内部，海南省等部分地区环境统计机构设置在环保局规财等其他综合性管理部门。

统计机构的职责是：制定环境统计工作规章制度和工作计划，并组织实施；建立健全环境统计指标体系，归口管理环境统计调查项目；开展环境统计分析和预测；实行环境统计质量控制和监督，采取措施保障统计资料的准确性和及时性；收集、汇总和核实环境统计资料，建立和管理环境统计数据库，提供对外公布的环境统计信息；按照规定向同级统计行政主管部门和上级环境保护行政主管部门报送环境统计资料；指导下级环境保护行政主管部门和调查对象的环境统计工作；组织环境统计人员的业务培训；开展环境统计科研和国内外环境统计业务的交流与合作；负责环境统计的保密工作。

（2）环境统计职能机构

国家级环境统计职能机构设在中国环境监测总站，现为环境统计与污染源监测室。各地环境统计职能机构则存在设置在环境监测站、环境科学研究院（所）、环境信息中心等多种情况。

环境统计职能机构的主要职责为：编制业务范围内的环境统计调查方案，提交同级环境统计机构审核，并按规定经批准后组织实施；收集、汇总、审核其业务范围内的环境统计数据，并按照调查方案的要求，上报上级环境保护行政主管部门对口的相关职能机构，同时抄报给同级环境统计机构；开展环境统计分析，对本部门业务工作提出建议。

（3）环境统计范围内的机关、团体、企业事业单位

作为环境统计的主要调查对象，应指定专人负责环境统计工作。这些机关、团体、企业事业单位和个体工商户的环境统计职责是：完善环境计量、监测制度，建立健全生产活动及其环境保护设施运行的原始记录、统计台账和核算制度；按照规定，报送和提供环境统计资料，管理本单位的环境统计调查表和基本环境统计资料。

第 3 章　环境统计年报制度

3.1　环境统计年报指标与报表

3.1.1　环境统计年报指标

环境统计制度自诞生之日起，年报就分为综合年报和专业年报两类。其中，综合年报主要调查污染物排放和治理情况，而专业年报主要调查环境管理情况。截止到“十一五”末，环境统计包括的指标有 950 项，其中综合年报的综表指标数量是 461 项，专业年报的指标数量是 489 项。

根据“科学性、系统性、可行性、可比性、前瞻性”的设计原则，“十二五”环境统计对指标进行了较大幅度的调整，与“十一五”环境统计相比，一是扩大了调查范围，新增加了农业污染源调查内容；二是将专业报表指标进行了精简和完善，作为“环境管理”部分纳入环境统计年报；三是对各大类的调查范围和内容都作了进一步明确和细化，对统计的指标项进行了删减和合并，增加了污染物的调查种类，指标体系更加完善。

（1）调整了环境统计调查对象

环境统计调查对象为一切污染源，指因生产、生活或其他活动向环境排放污染物或对环境产生不良影响的场所、设施、装备以及其他污染发生源。现行的环境统计一般按人类社会活动功能将调查对象分为工业污染源（以下简称“工业源”）、农业污染源（以下简称“农业源”）、城镇生活污染源（以下简称“城镇生活源”）、机动车污染源（以下简称“机动车”）等，并将可能造成二次污染的污水处理厂、垃圾处理厂（场）、危险（医疗）废物集中处理（置）厂等集中式污染治理设施纳入环境统计。为了更好地掌握全国环境保护管理机构建设和日常业务工作开展情况，还包括了“环境管理”统计内容。最终“十二五”环境统计形成了包括工业污染源、农业污染源、城镇生活污染源、机动车污染、集中式污染治理设施和环境管理六大部分的指标体系框架。每类调查对象与“十一五”相比都有所调整，具体见下文。

1）工业源

①新增了部分重污染行业报表。除继续保留火电行业报表外，“十二五”报表制度又新增了水泥、钢铁、造纸 3 个行业的报表。

②大型集中供热锅炉作为“点源”纳入工业源的重点调查范围。主要是考虑到在总量减排的大形势下，越来越多的大型集中供热锅炉配套建设了脱硫设施，将其作为“点源”纳入工业源的重点调查范围将更有利于如实反映减排成效。

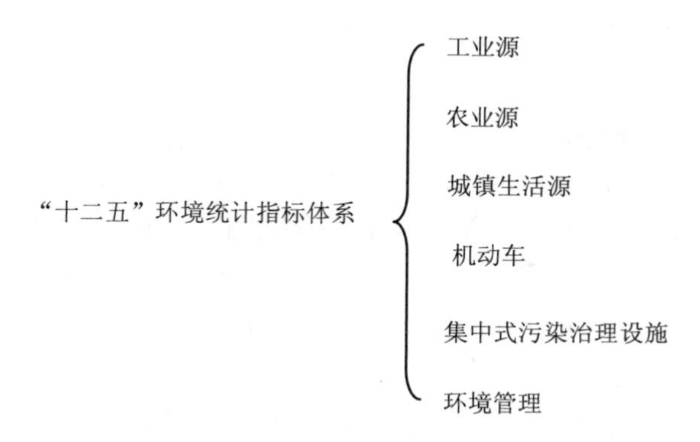

图 3-1　"十二五"环境统计指标体系框架结构

2）农业源

农业源污染是指农村区域在农业生产过程中产生的、未经合理处理的污染物对水体、土壤和空气及农产品造成的污染。污染物主要来自农作物种植过程中大量施用的化肥、农药，畜禽养殖业的排泄物，水产养殖中的过量饵料和药物，露天燃烧秸秆产生的细微颗粒物等。

农业污染源调查是"十二五"环境统计新增的调查内容，是在第一次全国污染源普查的基础上，结合环境管理特别是污染物总量减排工作的要求而增加的。"十二五"环境统计报表制度中，以规模化畜禽养殖污染物产排调查为重点，考虑到调查能力，种植业和水产养殖业污染物产排主要按照第一次全国污染源普查结果在区县层面进行结果的平移。

3）城镇生活源

城镇生活污染源包括住宿业，餐饮业，洗染服务业，理发及美容保健服务业，洗浴服务业，摄影扩印服务业，汽车、摩托车维护与保养服务业（洗车业），医院，独立燃烧，城镇居民生活污染源，机动车污染源等，来源较多，范围很广，按污染源逐个调查可操作性不强。环境统计一直都是采取以基本行政单位进行排放量的整体估算，"十二五"仍采用该方式进行统计，对城镇生活污染物排放统计指标及其报表存在的一些不足进行修改和完善，删除了医院污染排放及处理利用情况的统计，将医院产生的废水和废气纳入城镇居民生活污染情况表，医疗废物产生和处理情况纳入集中式治理设施类统计。

4）机动车

交通污染源是指对周围环境造成污染的交通运输设施和设备。污染类型主要包括噪声、振动和排放的尾气。以前环境统计调查制度中未有交通源的调查内容，2007 年全国第一次污染源普查时将机动车纳入生活源中进行调查，调查内容只包括机动车排放尾气中的污染物，2009—2010 年污染源普查动态更新调查时对统计指标进行了调整和修改。鉴于我国机动车尾气氮氧化物排放量所占比重越来越大，控制机动车尾气污染成为我国城市环境保护工作的重要内容，因此，"十二五"期间，将机动车污染调查正式纳入环境统计调查范围，对污染源普查和污染源动态更新的指标进行细化和完善后，形成了"十二五"环境统计机动车污染调查表，主要完善内容包括：更新了污染物排放系数和核算办法；除对各类型机动车的排放进行统计外，增加了车辆限行和车用油品升级等管理措施对污染物排放的削减量统计。

5）集中式污染治理设施

“十一五”环境统计制度包括污水处理厂和工业危险废物处理厂调查，“十二五”将其归类形成“集中式污染治理设施”大类，并扩大了调查范围，调整了调查内容：一是将垃圾处理厂（场）、医疗废物集中处理（置）厂等纳入环境统计调查范围；二是突出治理设施情况和污染物排放的内容；三是集中式污染治理设施不属于一次污染物产生单位，因此删除产生量的相关统计内容。

“十一五”统计指标体系中未单独统计医疗废物，鉴于医疗废物属于危险废物，对人体健康和环境安全有较大危害，“十二五”环境统计报表制度中增加了对医疗废物处理（置）厂的调查，和“危险废物处理（置）厂”共用一张调查表。

6）环境管理

环境管理指标是指对“十一五”专业报表执行过程中存在统计渠道不畅、定义不清、数据收集困难、数据质量不高且使用率较低的指标进行了调整和删除，围绕“十二五”环境保护工作重点新增加部分指标，形成环境统计的一个大类，不再作为一个独立的报表上报。环境管理指标主要反映环境保护管理及能力建设等方面的工作。

（2）完善了统计指标分类

按照统计指标特性将各类指标分为四部分，分别是基本信息指标、台账指标、治理设施及运行情况指标和污染物产排情况指标。其中，污染物产排情况指标和治理设施及运行情况指标是核心指标，是环境保护部门参与宏观决策、反映环境规划和治理成效的指标；基本信息指标和台账指标是支撑及确保核实核心指标准确性的辅助指标。

与以往的环境统计相比，现行的指标强化了对重点行业、企业台账指标和污染治理指标的设置和统计。

1）基本信息指标

基本信息指标是反映调查单位的一些最基本的属性，包括调查单位的工商注册信息和污染物排放去向等。工商注册信息是企业按照国家统计局的有关规定和标准，对企业自身的一些属性进行归类，并在工商部门注册登记的信息，如地理位置、企业性质、规模等。

2）台账指标

台账是指调查单位用于管理、统计本部门日常工作的资料。环境统计中的台账指标主要选取与污染物产生和排放有关的原辅材料、能源、水源指标，包括原辅材料的种类、使用量，主要产品和产量，能源构成和成分，用水量等。台账指标主要为校核污染物排放情况而设立。

3）治理设施及运行情况指标

治理设施是指调查单位为处理生产过程中产生的各类污染物使其达到国家规定的排放标准而建设的一些设施。治理设施及运行情况指标是反映治理设施建设及日常运行情况的指标，包括设施数量、处理能力、处理工艺等。

4）污染物产排情况指标

污染物产排情况指标是指调查单位在生产运营过程中产生和排放的污染物种类、数量，包括废水、废气、一般固体废物和危险废物。在“十一五”统计的污染物种类基础上，结合当前的环境问题和管理需求，“十二五”统计的污染物指标增加了重金属、挥发酚和氰化物等有毒有害污染物。

3.1.2　环境统计报表

“十二五”环境统计指标体系年报表包括基表 10 张、汇总表 19 张（表 3-1）。其中工业源基表 6 张、汇总表 9 张；农业源基表 1 张、汇总表 2 张；集中式治理设施基表 3 张、汇总表 3 张；生活源、机动车和环境管理没有基表，只有汇总表，分别有 2 张、2 张和 1 张。

表 3-1　环境统计指标体系年报表目录

表号	表名	填报范围	报送单位
一、综合年报表			
综 100 表	各地区污染物排放总量情况	县级及以上各级行政区	各地区环境保护厅（局）
综 101 表	各地区工业污染排放及处理利用情况	县级及以上各级行政区	各地区环境保护厅（局）
综 102 表	各地区重点调查工业污染排放及处理利用情况	县级及以上各级行政区	各地区环境保护厅（局）
综 103 表	各地区火电行业污染排放及处理利用情况	县级及以上各级行政区	各地区环境保护厅（局）
综 104 表	各地区水泥行业污染排放及处理利用情况	县级及以上各级行政区	各地区环境保护厅（局）
综 105 表	各地区钢铁冶炼行业污染排放及处理利用情况	县级及以上各级行政区	各地区环境保护厅（局）
综 106 表	各地区制浆及造纸行业污染排放及处理利用情况	县级及以上各级行政区	各地区环境保护厅（局）
综 107 表	各地区工业企业污染防治投资情况	县级及以上各级行政区	各地区环境保护厅（局）
综 108 表	各地区非重点调查工业污染排放及处理利用情况	县级及以上各级行政区	各地区环境保护厅（局）
综 201 表	各地区规模化畜禽养殖场/小区污染排放及处理利用情况	县级及以上各级行政区	各地区环境保护厅（局）
综 202 表	各地区农业污染排放及处理利用情况	县级及以上各级行政区	各地区环境保护厅（局）
综 301 表	各地区城镇生活污染排放及处理情况	市级及以上各级行政区	各地区环境保护厅（局）
综 302 表	各地区县（市、区、旗）城镇生活污染排放及处理情况	市级行政区	各地区环境保护厅（局）
综 401 表	各地区机动车污染源基本情况	市级及以上各级行政区	各地区环境保护厅（局）
综 402 表	各地区机动车污染排放情况	市级及以上各级行政区	各地区环境保护厅（局）
综 501 表	各地区城镇污水处理情况	县级及以上各级行政区	各地区环境保护厅（局）

表号	表名	填报范围	报送单位
综502表	各地区垃圾处理情况	县级及以上各级行政区	各地区环境保护厅（局）
综503表	各地区危险废物（医疗废物）集中处置情况	县级及以上各级行政区	各地区环境保护厅（局）
综601表	各地区环境管理情况	县级及以上各级行政区	各地区环境保护厅（局）
二、基层年报表			
基101表	工业企业污染排放及处理利用情况	辖区内有污染物排放的重点调查工业企业	重点调查工业企业
基102表	火电企业污染排放及处理利用情况	辖区内行业代码为4411的所有在役火电厂、热电联产企业及工业企业的自备电厂	火电厂、热电联产企业及有自备电厂的工业企业
基103表	水泥企业污染排放及处理利用情况	辖区内行业代码为3011的有熟料生产工序的水泥企业	水泥企业
基104表	钢铁冶炼企业污染排放及处理利用情况	辖区内有烧结/球团、炼焦、炼钢、炼铁等其中任一工序的钢铁企业	钢铁冶炼企业
基105表	制浆及造纸企业污染排放及处理利用情况	辖区内行业中类代码为221和222的制浆、造纸企业	制浆、造纸企业
基106表	工业企业污染防治投资情况	辖区内重点调查对象中调查年度内有污染治理投资项目、工程的企业	有污染治理投资项目、工程的重点调查企业
基201表	规模化畜禽养殖场/小区污染排放及处理利用情况	辖区内规模化畜禽养殖场和养殖小区	规模化畜禽养殖场/小区
基501表	污水处理厂运行情况	辖区内城镇污水处理厂及污水集中处理装置	城镇污水处理厂及污水集中处理装置
基502表	生活垃圾处理厂（场）运行情况	辖区内生活垃圾处理厂（场）	生活垃圾处理厂（场）
基503表	危险废物（医疗废物）集中处理（置）厂运行情况	辖区内危险废物（医疗废物）集中处理（置）厂	危险废物（医疗废物）集中处理（置）厂

（1）工业源统计表

在“十一五”报表制度基础上，将火电、钢铁、水泥、造纸重污染行业单独制表，细化了企业分生产线明细台账、治污设施运行等指标，与一般工业企业相同指标项填报一般工业企业报表，建立了由一般工业企业报表和重污染行业报表组成的“母子表”式工业源指标体系，不但有效精减了指标个数，同时作为主要污染物总量减排统计体系的重要组成部分，为总量减排提供了科学数据支撑；新增了废气重金属产生与排放量、颗粒物治理设施运行情况等与人体健康密切相关的指标。

“十二五”环境统计指标体系中，工业源报表包括《工业企业污染排放及处理利用情况》《火电企业污染排放及处理利用情况》《水泥企业污染排放及处理利用情况》《钢铁冶炼企业污染排放及处理利用情况》《制浆及造纸企业污染排放及处理利用情况》《工业企业污染防治投资情况》6 张基表和《各地区污染物排放总量情况》《各地区工业污染排放及处理利用情况》《各地区重点调查工业污染排放及处理利用情况》《各地区火电行业污染排放及处理利用情况》《各地区水泥行业污染排放及处理利用情况》《各地区钢铁冶炼行业污染排放及处理利用情况》《各地区制浆及造纸行业污染排放及处理利用情况》《各地区工业企业污染防治投资情况》《各地区非重点调查工业污染排放及处理利用情况》9 张汇总表。

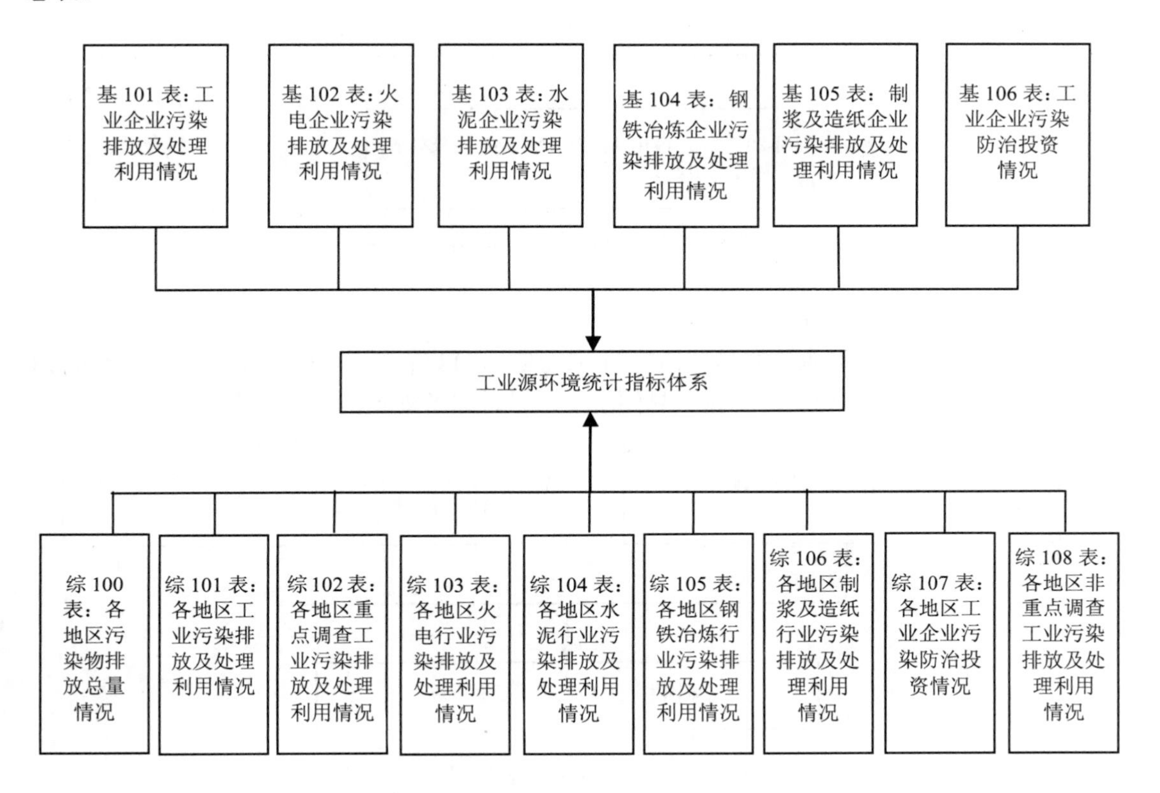

图 3-2　工业源环境统计指标体系框架

（2）农业源统计表

农业源统计表包括《规模化畜禽养殖场/小区污染排放及处理利用情况》1 张基表和《各地区规模化畜禽养殖场/小区污染排放及处理利用情况》《各地区农业污染排放及处理利用情况》2 张汇总表。

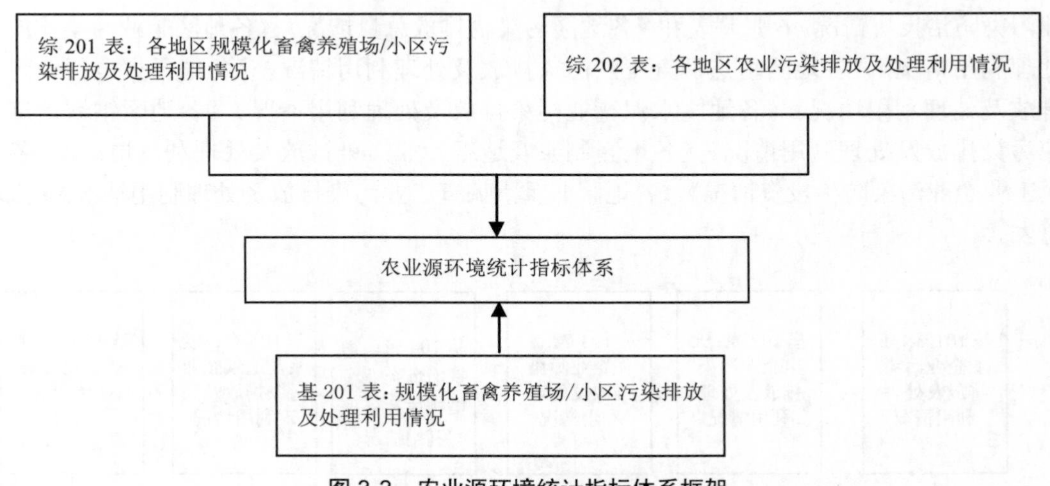

图 3-3 农业源环境统计指标体系框架

（3）城镇生活源统计表

城镇生活源统计调查采取总体估算的方式进行，包括《各地区城镇生活污染排放及处理情况》《各地区县（市、区、旗）城镇生活污染排放及处理情况》2 张汇总表。

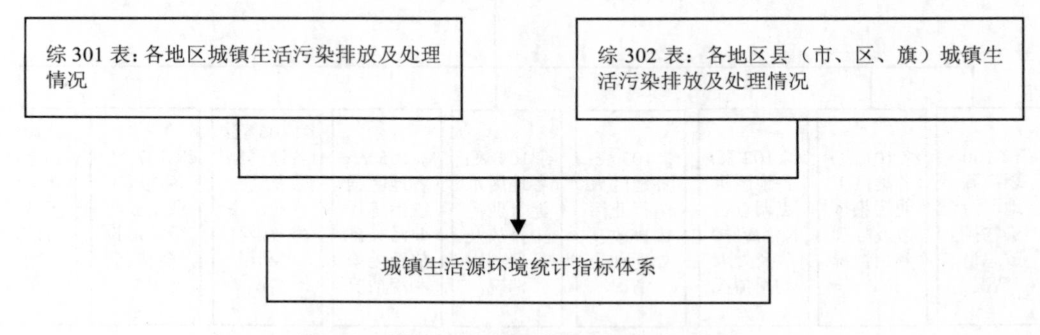

图 3-4 城镇生活源环境统计指标体系框架

（4）机动车统计表

机动车统计表包括《各地区机动车污染源基本情况》《各地区机动车污染排放情况》2 张汇总表，共 28 个指标。

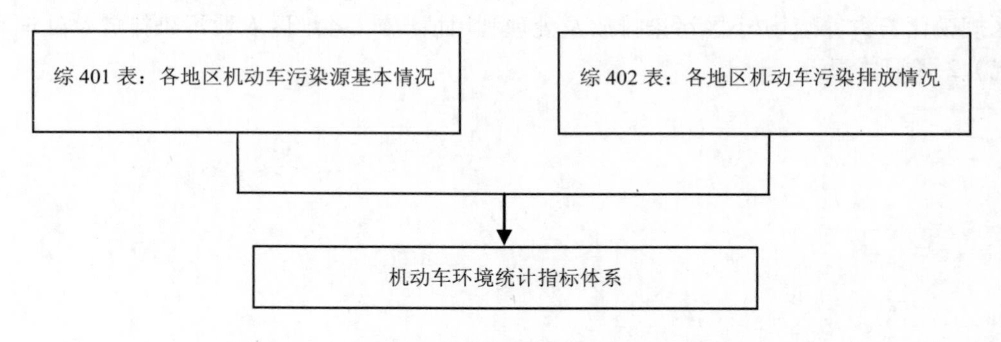

图 3-5 机动车环境统计指标体系框架

（5）集中式污染治理设施统计表

集中式污染治理设施统计表包括污水处理厂、垃圾处理厂（场）、危险废物（医疗废物）处理（置）厂 3 个部分，其中污水处理厂调查为两张表，包括《污水处理厂运行情况》1 张基表和《各地区城镇污水处理情况》1 张汇总表；垃圾处理厂（场）调查为两张表，包括《生活垃圾处理厂（场）运行情况》1 张基表和《各地区垃圾处理情况》1 张汇总表；危险废物（医疗废物）处置厂调查为两张表，包括《危险废物（医疗废物）集中处理（置）厂运行情况》1 张基表和《各地区危险废物（医疗废物）集中处理（置）情况》1 张汇总表。

（6）环境管理统计表

环境管理报表只有 1 张汇总表《各地区环境管理情况》，是“十二五”环境统计指标体系中新增加的报表，调查内容是在原来专业报表基础上进行简练，提取其中集中反映环境管理总体工作进展情况、可以公开发布使用的主要指标，包括环保机构、环境信访与环境法制、环保能力建设、污染源控制与管理、环境监测、污染源自动监控、排污费征收、自然生态保护与建设、环境影响评价、建设项目竣工环境保护验收、突发环境事件、环境宣传教育 12 部分。

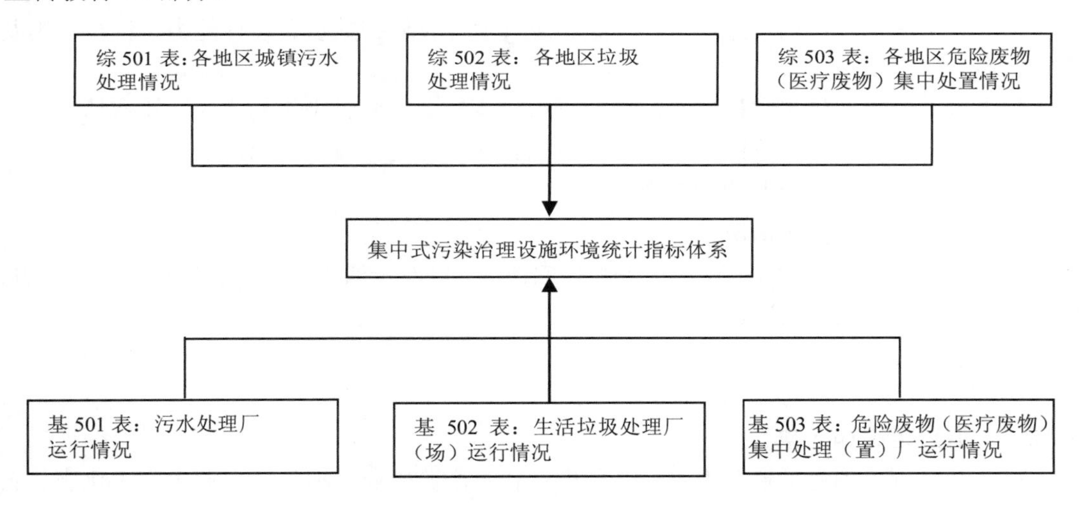

图 3-6　集中式污染治理设施环境统计指标体系框架

3.2　调查对象、范围及内容

环境统计针对不同的调查对象（污染源）制定了相应的调查范围、调查方式和详细的调查内容。

3.2.1　工业源

3.2.1.1　调查范围及对象

调查对象为《国民经济行业分类》（GB/T 4754—2011）中采矿业，制造业，电力、燃气及水的生产和供应业 3 个门类中 41 个行业的全部工业企业（不含军队企业），即行业代码前两位为 06—46 的，包括经各级工商行政管理部门核准登记，领取《营业执照》的各类工业企业以及未经有关部门批准但实际从事工业生产经营活动、有或可能有污染物产生的工业企业。

根据调查方式将工业污染源调查对象划分为重点调查工业源和非重点调查工业源。

重点调查工业污染源是指主要污染物排放量占地市辖区范围内全年工业源排放总量85%以上的工业企业。

非重点调查工业污染源是指除重点调查工业污染源以外的所有污染源。

3.2.1.2 调查内容

（1）重点调查工业源的调查内容

1）工业企业的基本情况

①概况：包括企业名称、代码、位置信息、联系方式、企业规模、登记注册类型（企业性质）、行业分类等；

②主要产品、原辅材料及能源和水源情况：包括原辅材料名称及用量、主要产品名称与产量、能源种类及消耗量和含硫量及灰分、用水量等。

2）各类污染治理设施运行情况等

①污染治理设施：包括污水治理设施和废气治理设施的数量、设计能力、运行费用及排放去向等；

②主要污染物产生量和排放量：包括废水和废气中主要污染物的产生、排放情况；一般工业固体废物和危险废物的产生、利用、处置、贮存及倾倒丢弃情况。

（2）非重点调查工业源的调查内容

①能源、用水、排水情况；

②废水、废气中主要污染物的产生和排放情况，以及一般工业固体废物的产生、利用、处置、贮存及倾倒丢弃情况。

3.2.2 农业源

3.2.2.1 调查范围和对象

农业源调查范围包括畜禽养殖业、种植业和水产养殖业，不包括农业生产中化肥、农药的使用情况以及农业废弃物的调查。根据不同的调查对象采用不同的方式进行调查。

（1）畜禽养殖业

以舍饲、半舍饲规模化的生猪、奶牛、肉牛、蛋鸡和肉鸡 5 种畜禽养殖单元为调查对象。同时采取两种调查方式：一是以县（区）为基本单位调查规模化养殖场、养殖小区和养殖专业户总体情况；二是对规模化养殖场和养殖小区逐户发表进行调查。

舍饲、半舍饲规模化畜禽养殖组织模式分为规模化养殖场、养殖小区和养殖专业户三种，划分依据为：

规模化养殖场：生猪≥500 头（出栏）、奶牛≥100 头（存栏）、肉牛≥100 头（出栏）、蛋鸡≥10 000 羽（存栏）、肉鸡≥50 000 羽（出栏）；

养殖小区：将分散经营的单一畜种的养殖户集中在一个区域内，具有完善的基础设施和配套服务、规范管理制度，按照统一规划、统一防疫、统一管理、统一服务、统一治污和专业化、规模化、标准化生产，并达到规定饲养数量的养殖区域。饲养数量至少要达到规模化养殖场的规模，即生猪≥500 头（出栏）、奶牛≥100 头（存栏）、肉牛≥100 头（出栏）、蛋鸡≥10 000 羽（存栏）、肉鸡≥50 000 羽（出栏）；

养殖专业户：50 头≤生猪＜500 头（出栏）、5 头≤奶牛＜100 头（存栏）、10 头≤肉牛＜100 头（出栏）、500 羽≤蛋鸡＜10 000 羽（存栏）、2 000 羽≤肉鸡＜50 000 羽（出栏）。

（2）种植业和水产养殖业

以县（区）为基本单位采用估算的办法进行调查。

3.2.2.2 调查内容

（1）畜禽养殖业的调查内容

畜禽养殖业的调查同时采取两种调查方式，调查内容不一样：

①以县（区）为基本单位调查的内容是调查区域内规模化养殖场（小区）和养殖专业户的各类畜禽的养殖数量，以及主要污染物的产生量和排放量。其中，饲养量采用农业畜牧部门数据。

②规模化养殖场和养殖小区逐户发表调查的内容包括：畜禽养殖种类、饲养量、饲养周期、配套农业利用土地类型和面积、配套水产养殖水面面积、清粪方式、粪便利用方式、尿液/污水处理方式等。其中，饲养量根据发表调查规模化养殖场（小区）实际情况确定。

调查的污染物包括化学需氧量、总氮、总磷、氨氮 4 种。

（2）种植业和水产养殖业的调查内容

种植业、水产养殖业仅调查主要污染物的排放量。主要污染物包括化学需氧量、总氮、总磷、氨氮。

3.2.3 城镇生活源

3.2.3.1 调查范围和对象

城镇生活源是指城镇范围内的生活污染源，调查范围包括城镇住宿业与餐饮业、居民服务和其他服务业、医院和独立燃烧设施以及城镇居民生活污染源。

城镇居民生活污染源的“城镇”范围包括城区和镇区。

城区是指在市辖区和不设区的市，区、市政府驻地的实际建设连接到的居民委员会和其他区域；镇区是指在城区以外的县人民政府驻地和其他镇，政府驻地的实际建设连接到的居民委员会和其他区域。与政府驻地的实际建设不连接，且常住人口在 3 000 人以上的独立的工矿区、开发区、科研单位、大专院校等特殊区域及农场、林场的场部驻地视为镇区。

实际建设是指已建成或在建的公共设施、居住设施和其他设施。

生活源的基本调查单位为地（市、州、盟），其所属的县（区）以及镇区数据包含在所在地（市、州、盟）数据中。

3.2.3.2 调查内容

调查内容包括基本情况和生活污染物排放情况两部分。

（1）基本情况

调查内容包括城镇人口、生活能源和生活用水消费情况。

生活能源：包括生活煤炭和天然气消费量，煤炭包括平均硫分、平均灰分。

生活用水：包括居民家庭用水量和公共服务用水量。

（2）污染物产生与排放情况

包括生活污水排放情况及其污染物种类和排放量，生活能源消耗过程中排放的废气及其污染物种类及排放量，不包括固体废物（垃圾）和医疗废物的产排放情况。

废水污染物调查种类包括：生活污水量、化学需氧量、氨氮、总氮、总磷、油类（含动植物油）。

废气污染物调查种类包括：废气、二氧化硫、氮氧化物、烟（粉）尘。

3.2.4 机动车

3.2.4.1 调查范围和对象

基本调查单位为直辖市、地区（市、州、盟）、省直辖县级行政区。

调查对象包括载客汽车、载货汽车、低速载货汽车、摩托车，不包括轮船、飞机等其他形式的交通设施和设备。载客汽车和载货汽车分别按微型汽车、小型汽车、中型汽车和大型（重型）汽车进行统计。

3.2.4.2 调查内容

调查内容包括不同车型、燃油类型的新注册车辆数、转入车辆数、注销车辆数和转出车辆数；由于车用油品升级、加强机动车管理带来的废气污染物新增削减量。

调查的指标只包括机动车尾气排放的污染物，包括总颗粒物、氮氧化物、一氧化碳、碳氢化合物。

3.2.5 集中式污染治理设施

3.2.5.1 调查范围和对象

集中式污染治理设施的调查对象包括污水处理厂、垃圾处理厂（场）、危险废物处理（置）厂和医疗废物处理（置）厂。报告年度及以前投入运行、试运行的集中式污染治理设施，不论是否通过验收，均纳入调查。

报告年度内关停的污水处理厂、危险废物处理（置）厂及封场的生活垃圾填埋厂（场）均纳入调查。

污水处理厂包括城镇生活污水处理厂和工业废（污）水集中处理设施。

垃圾处理厂（场）包括垃圾填埋场和垃圾焚烧厂，但不包括垃圾焚烧发电厂。垃圾焚烧发电厂纳入工业源调查。为掌握城市生活垃圾的处理情况，垃圾焚烧发电厂在填报工业源调查表的同时，仍需填报基—502 表《生活垃圾处理厂（场）运行情况表》中的基本信息及垃圾处理的相关信息，污染物排放量不需填报，以避免重复统计。

危险废物（医疗废物）集中处理（置）厂调查范围除包括独立处理（置）危险废物的单位外，利用自身的生产工艺或生产线处理（置）危险废物的工业企业也纳入危险废物集中处理（置）调查范围，处理（置）厂类型归类为“其他企业协同处置”。这类处置单位，如污染物排放量不能单独统计，则将该企业污染物排放纳入工业源统计，但仍需填写“危险废物处理（置）厂”表中企业基本信息和处理（置）信息，污染物排放量不填，以避免重复统计。

3.2.5.2　调查内容

（1）调查单位的基本信息

包括单位名称、代码、位置信息、联系方式等。

（2）台账指标

包括能源消耗、污染物处理、处置和综合利用及运行费用情况。

（3）污染治理设施建设与运行情况

包括治理设施的类型、处理工艺（方式）、设计处理能力及实际处理量、运行费用等。

（4）污染的排放情况

包括废水、废气和固体废物的排放情况。

污水处理厂主要调查污水量、污染物排放量以及污泥的产生量和排放量，同时对污水和污泥的再利用情况也进行调查。

垃圾处理厂（场）调查内容依据不同的处理工艺，调查重点不同。垃圾填埋场以调查渗滤液污染物为主，而垃圾焚烧厂以调查废气污染物和焚烧残渣为主。

危险废物处理（置）厂按处置方式分为填埋和焚烧，调查的内容重点也有区别，以填埋方式处置的，调查重点为废水；以焚烧方式处置的，调查重点为废气和固体废物（焚烧残渣及飞灰）。

废水污染物种类包括化学需氧量、氨氮、总氮、总磷、石油类、挥发酚、总铬、六价铬、汞、镉、铅、砷、氰化物等。

废气污染物种类包括烟尘、二氧化硫、氮氧化物、汞、镉、铅。

固体废物种类包括污水处理设施产生的污泥、废物焚烧残渣和焚烧飞灰等。

3.2.6　环境管理

3.2.6.1　调查范围和对象

环境管理调查范围是环保系统内相关业务部门管理工作和环保系统自身建设等方面情况。调查对象为各级环保部门。

3.2.6.2　调查内容

环境管理指标为“十二五”环境统计指标体系中新增加的报表，调查内容是在原来专业报表基础上进行简练，提取其中集中反映环境管理总体工作进展情况，可以公开发布使用的主要指标，调查内容包括环保机构、环境信访与环境法制、环境保护能力建设投资、环境污染源控制与管理、环境监测、污染源自动监控、排污费征收、自然生态保护与建设、环境影响评价、建设项目竣工环境保护验收、突发环境事件、环境宣传教育 12 个方面。

3.3　工作流程

3.3.1　调查方式

环境统计报表由环境保护部统一制定下发，各级环境保护部门组织实施。

各级环境保护部门首先根据相关技术规定确定重点调查单位。重点调查单位采用逐家发表调查方式，非重点调查单位污染物产排量采用整体核算或产排污系数测算。

重点调查单位的环境统计数据的收集上报，按照重点调查单位→县（区）环保部门→地市环保部门→省级环保部门→环境保护部的工作流程逐级上报、审核。

同时，县（区）环保部门根据农业畜牧等部门提供的各种畜禽养殖量等数据填报农业源报表，地市级环保部门根据统计、城建、公安等有关部门提供的数据填报工业源非重点、生活源、机动车报表，并逐级上报、审核。见图 3-7。

各部分的调查方式如下：

（1）工业源

工业源采取对重点调查工业企业逐个发表调查，对非重点调查工业企业实行整体核算相结合的方式调查。工业污染排放总量即重点调查企业与区域非重点调查企业排放量的加和。

（2）农业源

农业源包括种植业、水产养殖业和畜禽养殖业，以县（区）为基本单位进行调查。

畜禽养殖业中的规模化养殖场和养殖小区逐户发表调查，其他养殖户的污染物排放量依据养殖量和排放系数进行测算。

种植业和水产养殖业依据普查成果采取估算的办法来统计产、排污量。

（3）城镇生活源

城镇生活源以市级行政区为基本调查单位，污染物产生量依据有关部门的统计数据和产生系数进行测算，排放量为产生量扣减集中式污水处理厂生活污染物的去除量。

（4）机动车

机动车以市级行政区为基本调查单位，污染物排放量依据有关部门的统计数据和排放系数进行测算。

（5）集中式污染治理设施

集中式污染治理设施逐个发表调查汇总。

（6）环境管理

对于污染源自动监控和排污费征收涉及的环境管理指标、以及“国家有机食品生产基地数量”指标，环保部各业务司负责数据的归口管理，同时抄送环保部环境统计业务主管部门，地方环保系统不再填报。

除上述指标外，其他 10 个方面的环境管理指标由各级环保系统的相关业务管理部门负责数据填报和审核，同级环境统计业务主管部门负责数据收集、汇总和逐级上报。

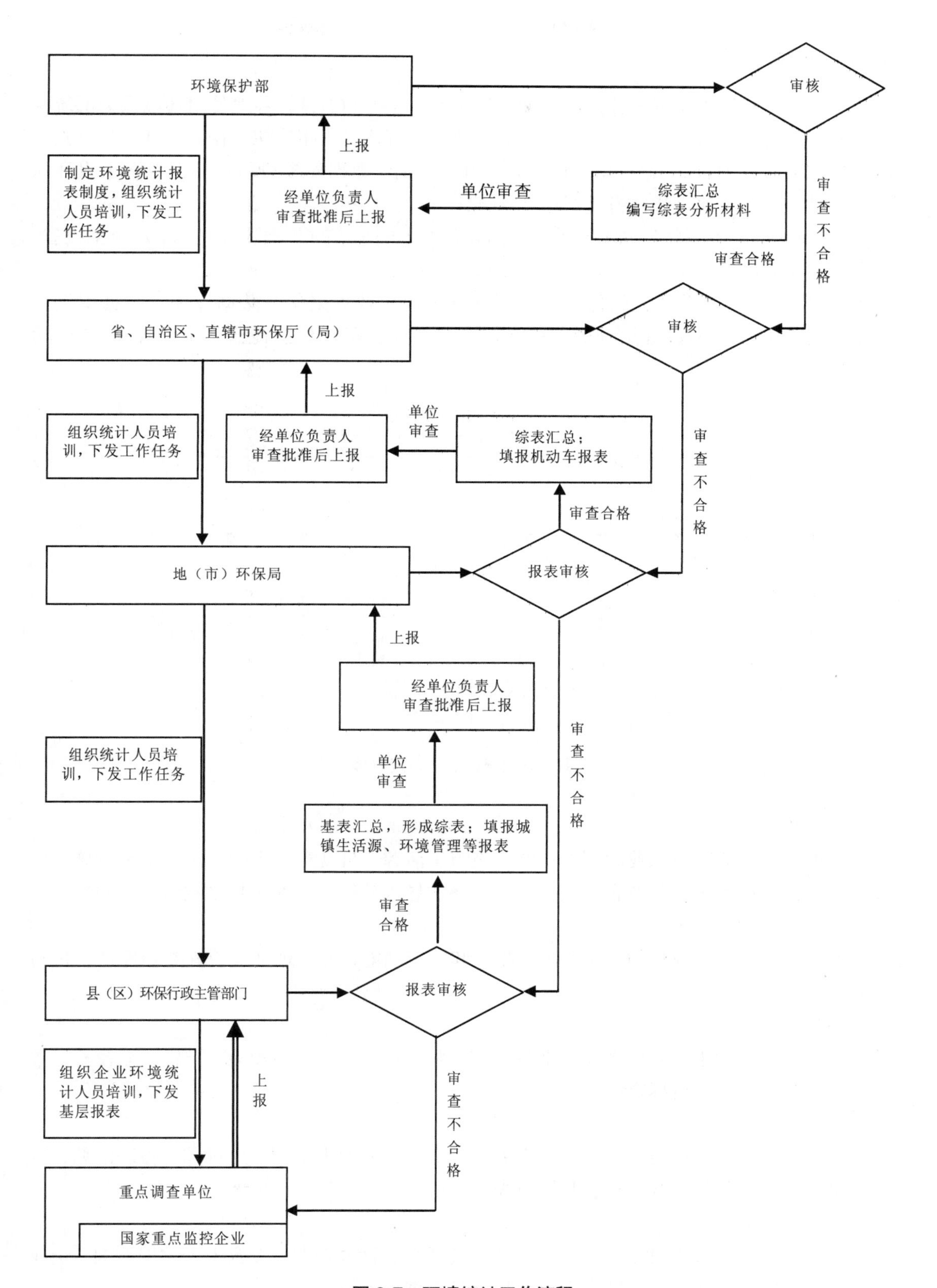

图 3-7　环境统计工作流程

3.3.2 报送方式

环境统计年报为年度统计，报告期为每年的 1 月至 12 月。各地使用环境保护部统一下发的软件填报，通过“十二五”环境统计业务系统逐级上报审核，由各省环保厅（局）按环保部要求的时间节点将本省上一年度的环境统计数据库资料通过环保专网上报环保部，同时文本资料通过邮寄方式报送环保部。

“环境统计业务系统”实现了环境统计数据“自下而上”（区县上报地市、地市上报省、省上报国家）以及“自上而下”的信息反馈功能。

“环境统计业务系统”软件包括如下功能模块：数据采集、数据管理、数据审核、数据汇总、数据查询、数据分析、统计报表、企业台账、数据传输、系统管理 10 个功能模块。

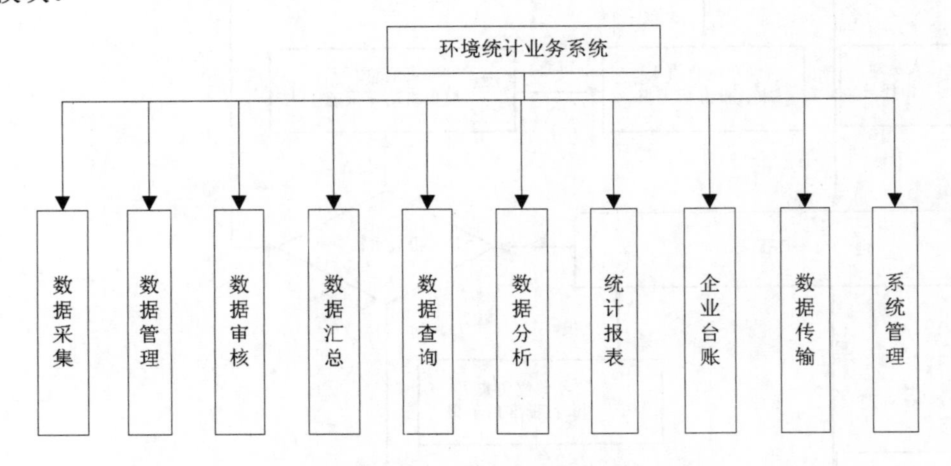

图 3-8 环境统计业务系统总体结构

（1）数据采集

数据采集功能实现工业源、农业源、城镇生活源、机动车、集中式污染治理设施、环境管理六大类指标填报以及企业填报电子表格的导入功能，并对采集数据进行逻辑验证。

（2）数据管理

数据管理实现对数据的批量修改、删除和清空功能，并实现环境统计数据库的备份与恢复功能。

（3）数据审核

数据审核功能主要完成企业上报数据的完整性校验、规范性校验、逻辑关系校验、数据合理性校验、突变指标审核。

（4）数据汇总

全国各级环统操作员根据各基层报表或综合报表的原表数据，进行综合报表汇总、专项汇总，以生成各类综合年报表和汇总表。

（5）数据查询

全国各级环统操作员通过数据查询功能实现基层报表查询、综合报表数据查询、企业基本信息查询、企业处理设施查询以及自定义查询。

（6）数据分析

数据分析功能的数据来源包括各类基层报表、各类综合报表，可实现环境统计数据跨年对比分析以及与污染源普查动态更新数据库的对比分析。

（7）统计报表

全国各级环统操作员通过统计报表功能可实现“十二五”环境统计报表制度中所有基层报表、综合报表的展现与打印功能，同时也可输出工业“三废”处理率表、“三废”综合表等重要报表。

（8）企业台账

全国各级环统操作员通过本功能完成重点污染源、国控污染源筛选；企业基本信息管理及污染源基本信息往年数据导入。该功能由重点调查企业基本信息维护、重点调查企业名单筛选、往年企业基本信息导入组成。

（9）数据传输

实现环境统计数据自上而下，区县上报地市、地市上报省、省上报国家以及自上而下的信息反馈功能。

（10）系统管理

系统管理功能包括系统环境变量设置、代码表维护、受纳水体设置、行政区划代码设置、用户权限管理、日志管理等。

第 4 章　环境统计季报直报制度

4.1　概念及特点

4.1.1　概念

环境统计直报是指调查对象通过网络直接报送环境统计数据，市、省、国家 3 级环保部门通过网络在线逐级完成数据审核和汇总工作的环境统计调查方式。目前我国环境统计直报工作以季度为报送周期，因此也称环境统计季报直报。

2013 年 9 月，环境保护部下发《关于开展国家重点监控企业环境统计数据直报工作的通知》（环办〔2013〕91 号），标志着环境统计季报直报制度在全国范围内开始试运行。

环境统计季报直报的调查对象是国控工业企业和污水处理厂，依据每年环境保护部发布的《国家重点监控企业名单》确定调查范围。调查周期为每季度一次，调查和报送方式是调查单位通过网络直接向环境保护部报送环境统计数据，地市、省、国家级三级环保部门通过网络在线进行数据审核和汇总，最终确定全国环境统计季报直报数据库。

4.1.2　特点

基于以上概念，环境统计季报直报具有以下特点：

①改革了环境统计调查方式。统计直报方式首次实现了环境统计工作的全过程网络化，取代了传统的企业手工填报纸质报表、区县环保部门录入数据库过程，也将县、市、省、国家四级环保部门逐级审核变为统计直报中企业通过网络直接报送数据，市、省、国家三级环保部门线上逐级开展审核。网络直报的调查方式有以下优点：一是简化了数据审核环节，直报过程通过细化数据审核细则和加强审核功能，简化了传统的审核过程，同时提高了数据的时效性；二是减轻了地方环保部门数据录入压力，同时借助直报业务系统实现对大量统计数据的高效处理，报送、汇总、反馈等过程都可以批量操作，将统计人员从繁琐的数据分析、处理中解脱出来，提高了统计工作效率；三是实现了数据的全网共享，环境保护部各级部门和相关单位均可以在企业报送的第一时间掌握第一手数据，不存在数据调度问题，使统计数据的应用更加广泛和便利。

②实现了企业统计数据的全过程管理。网络填报数据的一个优势就是形成了企业的数据历史，包括企业数据填报中的解释备注信息、环保部门审核过程、企业数据打回原因、数据修改历史等在内的数据上报全过程信息均保留网络痕迹。通过网络痕迹不仅能够引导、督促企业及时填报和整改数据，监督环保部门在数据审核过程中的履职情况，同时还可以通过企业数据历史的回溯，为企业和环保部门全面掌握企业数据情况提供参考。

4.2　指标和报表

4.2.1　季报直报指标

环境统计季报直报制度是环境统计制度的重要组成部分，在指标体系、指标解释、指标核算方法的设计方面与年报制度保持一致，但有别于年报制度。指标是在环境统计年报指标范围内，按照体现数据时效性、围绕污染物总量减排重点工作、以国家重点监控企业为调查对象的调查需要 3 个原则，对年报指标进行筛选确定的。

目前，环境统计季报直报指标共有 251 项，包括工业企业指标 215 项、污水处理厂指标 36 项。

①工业企业指标项主要包括工业企业基本信息、生产情况、主要原辅材料用量、能耗水耗情况、主要产品生产情况、各类污染物产生排放情况等，以及针对火电、钢铁、水泥、造纸 4 个重污染行业分生产线的基本信息、产品产量、原辅材料用量、污染治理设施信息及运行情况、主要污染物产生排放情况等明细指标。

②污水处理厂指标项主要包括污水处理厂基本信息、运营情况、污泥产生处置情况、主要污染物削减情况。

4.2.2　季报直报报表

环境统计季报直报报表根据调查对象的不同，设计了 6 张基层报表、6 张综合报表（表 4-1）。其中工业企业基表 5 张、综表 5 张；污水处理厂基表 1 张、综表 1 张。6 张基层报表对应 6 张综合报表。

表 4-1　环境统计季报直报报表目录

表号	表名	填报范围	报送单位
一、综合季报表			
季综 S1 表	各地区工业企业污染排放及处理利用情况	市级及以上各级行政区	各地区环境保护厅（局）
季综 S2 表	各地区火电发电行业污染排放及处理利用情况	市级及以上各级行政区	各地区环境保护厅（局）
季综 S3 表	各地区水泥制造行业污染排放及处理利用情况	市级及以上各级行政区	各地区环境保护厅（局）
季综 S4 表	各地区钢铁冶炼行业污染排放及处理利用情况	市级及以上各级行政区	各地区环境保护厅（局）
季综 S5 表	各地区制浆造纸行业污染排放及处理利用情况	市级及以上各级行政区	各地区环境保护厅（局）
季综 S6 表	各地区污水处理厂运行情况	市级及以上各级行政区	各地区环境保护厅（局）
二、基层季报表			
季 S1 表	工业企业污染排放及处理利用情况	辖区内国家重点监控企业及火力发电、钢铁冶炼、水泥制造、制浆造纸及纸制品企业	国家重点监控企业

表号	表名	填报范围	报送单位
季 S2 表	火电企业污染排放及处理利用情况	辖区内行业代码为 4411 的所有在役火电厂、热电联产企业及工业企业的自备电厂、垃圾和生物质焚烧发电厂	火电厂、热电联产企业、有自备电厂的工业企业及垃圾和生物质焚烧发电厂
季 S3 表	水泥企业污染排放及处理利用情况	辖区内行业代码为 3011 的有熟料生产工序的水泥企业	水泥企业
季 S4 表	钢铁冶炼企业污染排放及处理利用情况	辖区内有烧结、球团任一工序的钢铁企业	钢铁冶炼企业
季 S5 表	制浆及造纸企业污染排放及处理利用情况	辖区内行业中类代码为 221 和 222 的制浆、造纸企业	制浆、造纸企业
季 S6 表	污水处理厂运行情况	辖区内城镇污水处理厂及污水集中处理装置	城镇污水处理厂及污水集中处理装置

（1）工业企业报表

季报直报工业企业调查针对全部国家重点监控工业，同时对火力发电、水泥制造、钢铁冶炼、纸浆造纸等污染减排重点行业企业进行详细调查，因此在报表的设计上延续了年报工业表的“母子表”的形式，对火电、钢铁、水泥、造纸重污染行业单独制表，细化了企业各生产线的明细台账、污染治理设施运行、主要污染物产生排放等指标。

工业企业报表包括《工业企业污染排放及处理利用情况》《火力发电企业污染排放及处理利用情况》《水泥企业污染排放及处理利用情况》《钢铁冶炼企业污染排放及处理利用情况》《制浆及造纸企业污染排放及处理利用情况》5 张基层报表和《各地区工业企业污染排放及处理利用情况》《各地区火力发电行业污染排放及处理利用情况》《各地区水泥制造行业污染排放及处理利用情况》《各地区钢铁冶炼行业污染排放及处理利用情况》《各地区制浆造纸行业污染排放及处理利用情况》5 张综合报表。

（2）污水处理厂报表

污水处理厂报表包括《污水处理厂运行情况》1 张基表和《各地区污水处理厂运行情况》1 张综表。

4.3 季报直报调查对象、范围、内容和要求

4.3.1 调查对象和范围

季报直报的调查对象包括国家重点监控企业中的所有废水、废气企业和污水处理厂，以及各地区的省级、市级重点监控企业。其中，国家重点监控企业是季报直报的“必报”对象，调查对象名单依据环境保护部每年发布的《国家重点监控企业名单》确定；省级、市级重点监控企业为季报直报的“选报”对象，由各省、市环保部门根据地区环境管理的需要，为加强地区污染源监督管理而自行确定，并通过季报直报软件系统进行报送，国家不对省控、市控企业报送过程进行监管。

4.3.2　调查内容

（1）工业企业

①调查范围内所有工业企业的基本情况、主要产品生产情况、主要原辅材料用量、资源消耗量、废水和废气污染物的产生排放情况。

②火力发电企业补充调查主要产品产量、火电机组的基本情况、分机组的生产运营情况、废气污染物产生排放情况、污染治理设施运行情况。

③水泥制造企业补充调查主要产品产量、水泥窑的基本情况、分水泥窑的生产运营情况、废气污染物产生排放情况、污染治理设施运行情况。

④钢铁冶炼企业补充调查主要产品产量、烧结机和球团设备的基本情况、分设备的生产运营情况、废气污染物产生排放情况、污染治理设施运行情况。

⑤制浆造纸企业补充调查主要产品产量、各生产线的运行情况、分生产线的废水污染物产生情况。

（2）污水处理厂

污水处理厂的调查内容包括污水处理厂的基本情况、污水处理厂运营情况和主要污染物削减情况。

4.3.3　报表填报要求

环境统计季报直报综合报表由各地区的基层报表数据汇总生成，基层报表由调查对象自行填报，根据调查对象的企业性质、重点行业属性等不同，其填报要求如下：

①所有工业企业：纳入季报直报调查范围的所有工业企业均需填报《工业企业污染排放及处理利用情况》。

②火力发电企业：在役火电厂、热电联产企业（国民经济行业分类代码为 4411），包括工业企业自备电厂、垃圾和生物质焚烧发电厂（不含余热发电厂），需同时填报《工业企业污染排放及处理利用情况》和《火电企业污染排放及处理利用情况》。

③水泥制造企业：包含或仅有熟料生产的水泥企业（行业代码为 3011），需同时填报《工业企业污染排放及处理利用情况》《水泥企业污染排放及处理利用情况》；如果含有自备电厂还需填报《火电企业污染排放及处理利用情况》。

④钢铁冶炼企业：含有烧结、球团等一种或多种工序的钢铁冶炼企业需同时填报《工业企业污染排放及处理利用情况》《钢铁冶炼企业污染排放及处理利用情况》；如果含有自备电厂还需填报《火电企业污染排放及处理利用情况》。

⑤制浆造纸企业：具有制浆或造纸（抄纸）工艺的造纸及纸制品企业（中类行业代码为 221 或 222 的），需同时填报《工业企业污染排放及处理利用情况》《制浆及造纸企业污染排放及处理利用情况》；如果含有自备电厂还需填报《火电企业污染排放及处理利用情况》。

⑥污水处理厂：纳入季报直报调查范围的所有污水处理厂需填报《污水处理厂运行情况》。

4.4 季报直报工作流程

4.4.1 报送方式和时间

季报直报数据的报送和审核过程由于全部在网络上进行，同时对数据上报的时效性要求较高，因此在工作流程上有严格的程序和阶段要求。季报直报工作流程按时间大致分为两个阶段，即工作准备阶段和实质报送阶段。

（1）工作准备阶段

包括直报系统环境准备、环保部门登录账户管理、调查单位名录库创建与更新和调查单位登录账户管理 4 个过程，主要内容是完成直报系统软硬件和网络环境的基本配备、实现环保部门和调查单位的账户分配和首次登录，为数据填报做准备。工作准备阶段在每个季度最后一个月 25 日之前完成，其后开展实质报送阶段。

（2）实质报送阶段

包括调查单位数据填报和环保部门数据逐级审核验收两个过程，是季报直报过程的核心过程。

1）调查单位数据填报

每个季度最后一个月 26 日起至下个月第 8 个工作日，调查单位通过网络登录直报业务系统，进行数据填写和报送。调查单位通过在线填表或离线填表在线上传的方式完成数据填写，并进行数据报送。为了强化企业源头数据质量，在企业数据报送至环保部门前，直报业务系统根据内置审核细则对数据进行审核。企业须按照审核结果修正数据，符合审核规则要求后，才能完成数据提交。

2）环保部门数据逐级审核验收

企业数据提交到环保部门后，地市、省、国家三级环保部门通过网络访问直报业务系统，在规定的时间内，在线对企业填报的报表进行审核、验收，并将存在问题的数据报表退回至企业进行修正，审核通过后逐级上报，直至通过国家级数据验收。企业数据提交到环保部门后严格按照地市、省、国家级先后次序进行审核，各级环保部门的审核时间均有要求，其中地市级审核为调查单位数据填报阶段结束的 6 个工作日，省级审核为地市级审核阶段结束后的 4 个工作日，国家级审核省级审核阶段结束的 4 个工作日。在国家级审核和验收完成后，最终确定该季度直报数据库。

4.4.2 直报业务系统

环境统计季报直报制度依托于“国家重点监控企业环境统计直报”业务系统（以下简称“直报业务系统”）实现了季报直报数据从企业到地市、省、国家各级环保部门的数据传递和“自上而下”的信息反馈功能。直报业务系统软件包括以下功能模块：数据采集、数据审核、查询分析、数据汇总、数据输出、系统管理等。

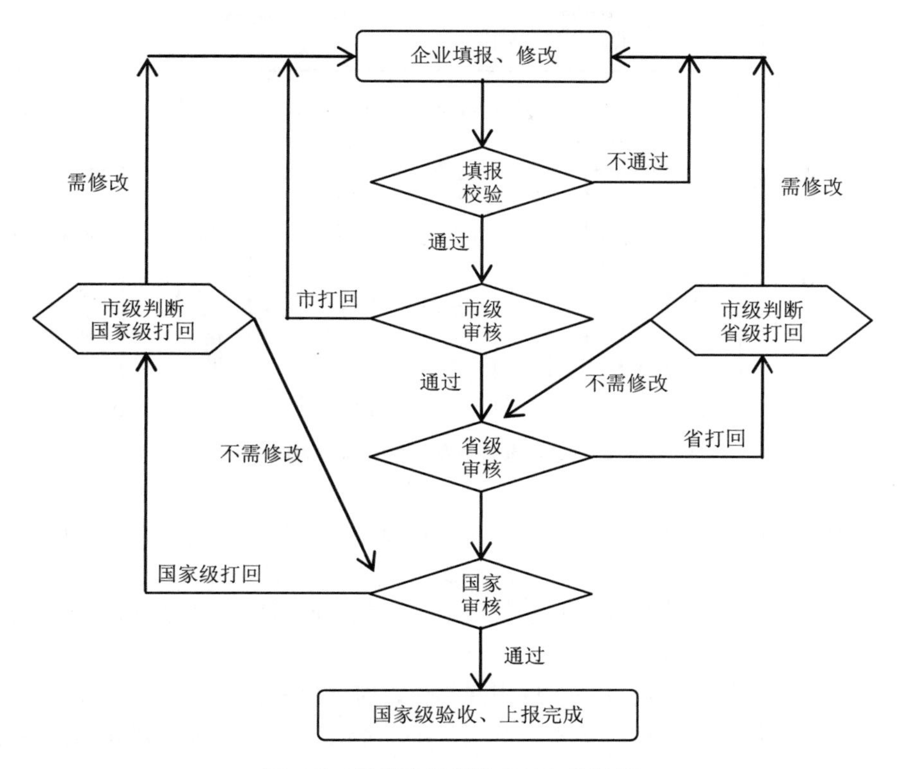

图 4-1　季报直报报送审核工作流程

（1）系统首页

系统首页对企业用户实现报送、催报和退回信息的提醒，对环保部门用户实现催报以及辖区内企业报送情况的查询功能。

（2）数据采集

数据采集功能实现数据填报以及填报电子表格的导入功能，并实现对采集数据的逻辑验证和提交。

（3）数据审核

数据审核功能实现对企业报表数据的完整性、规范性、合理性、逻辑关系校验等审核过程，并可对审核不通过的数据进行打回处理。

（4）查询分析

查询功能实现对企业基表数据、综表数据的按各类别查询、自定义查询，统计分析功能实现对直报数据跨季度、年度的对比分析。

（5）数据汇总

数据汇总实现对基表数据的综合汇总、专项汇总、自定义汇总，并生成各类综合季报表、汇总表。

（6）数据输出

数据输出功能根据用户多重选择范围，实现多季度、年度的基表或综表输出。

（7）系统管理

系统管理功能实现对直报调查对象名录库的创建、更新、状态设置，实现对环保部门账户的建立和管理，以及对数据审核规则的管理。

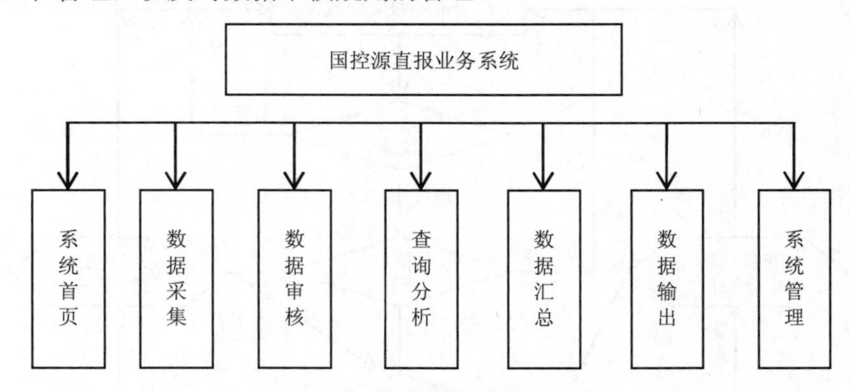

图 4-2 直报业务系统功能结构

为了实现季报直报工作全过程，直报业务系统与环境统计年报业务系统在设计方面有很大的不同，主要体现以下几个方面：

①网络化的工作流程设计优化和实现。实现了基于网络的企业数据报送、各级环保部门审核、企业数据反馈和重新上报的工作全过程。

②系统信息安全性。季报直报全过程网络化，对系统的信息安全要求非常高。在硬件方面，系统依托环保专网设计，按安全等级保护三级要求设计，能够满足信息安全需求，对企业由互联网接入环保专网设计了 CA 安全认证。在软件方面，系统通过用户身份鉴别、应用安全防范、用户行为日志等方面进行安全控制。

③系统的灵活性和可扩展性。系统采用组件化的开发模式，保证各功能模块的低耦合度，使系统各个功能模块既相互独立，又可以适应不同的个性化需求灵活配置；既满足国家统一要求，又允许地方根据自身需求增设调查指标、审核规则、统计汇总方式等。

④数据质量全过程控制。通过保留企业数据修改备注内容、细化审核细则、强制执行数据审核过程、保留数据审核反馈网络痕迹等方式，系统对直报数据采集、审核、反馈、统计汇总及存储入库等整个数据生命周期实现全过程质量控制。

4.5 季报直报数据质量控制

季报直报数据报送和审核过程全部基于网络实现，数据实效性高、报送流程短，对数据质量控制的要求也比以往提高。季报直报数据质量控制过程主要通过企业填报源头控制、强化各级数据审核、事后数据核查制度等手段实现。

4.5.1 企业填报源头控制

源头控制的主要目标是通过数据采集模块内置的审核规则，在企业数据提交至环保部门前，首先对数据进行审核。审核细则按照内容分为数据规范性、逻辑性、合理性审核，按照审核强度分为强制型、备注型和提示型规则。企业须按照审核要求修正数据，需完全符合强制型规则、基本符合备注型规则（不符合时需填写备注说明），才能完成数据提交。国家级季报直报数据审核部门通过不断修正和增删数据审核规则，不断强化对企业数据的源头把关。

4.5.2　环保部门数据审核

环保部门数据审核过程是直报工作流程的关键步骤，为了更好地通过环保部门数据审核过程达到数据质量控制的目的，直报业务系统在设计时设置了数据审核过程强制执行、细化审核细则、保留各级环保部门用户审核意见、保留数据退回反馈网络痕迹等功能点，强化对各级环保部门审核过程的监督管理，达到数据质量控制的最终目标。

4.5.3　数据核查

季报直报数据质量控制的另一手段是建立数据核查机制，分为现场检查和档案资料管理。

（1）现场核查

是指环保部门组织环境统计、总量控制、环境监察和环境监测等相关部门，结合污染减排核查、污染源日常监督检查等相关工作，深入季报直报调查企业现场，通过查阅企业台账、调研问询等方式核实企业填报数据真实性，并建立核查档案，同时作为季报直报数据审核的依据。其中，地市级环保部门对直报调查范围内企业的现场核查抽查率每年不低于 30%，省级环保部门对直报调查范围企业的现场核查抽查率每年不低于 10%，同时应监督检查地市级现场核查工作完成情况。

（2）档案资料管理

省级和地市级环保部门负责本级直报调查单位的档案资料管理工作，应建立完善的档案资料管理制度，并按照要求保存统计档案资料。

第5章　环境统计主要指标解释

“十二五”环境统计指标按照其特性分为六部分，分别是调查对象基本情况指标、台账指标、污染物产排量指标、治理设施运行指标、污染治理投资指标和环境管理指标。其中，污染物产排量指标和治理设备运行指标是核心指标，是环境保护部门参与宏观决策、反映环境规划和治理成效的指标；基本情况指标和台账指标是辅助指标，是支撑及核实核心指标准确性的辅助指标，以下对主要指标做出解释。

5.1　调查对象基本情况指标

组织机构代码

指根据《全国组织机构代码编制规则》（GB 11714—1997），由组织机构代码登记主管部门给每个企业、事业单位、机关、社会团体和民办非企业单位颁发的中华人民共和国组织机构代码证上、在全国范围内唯一的、始终不变的法定代码。单位代码由8位无属性的数字和1位校验码组成。已经取得法定代码的法人单位或产业活动单位必须填报法定代码。填写时，要按照技术监督部门颁发的中华人民共和国组织机构代码证上的代码填写。对于有两种或两种以上国民经济行业分类或跨不同行政区划的大型联合企业（如联合企业、总厂、总公司、电业局、油田管理局、矿务局等），其所属二级单位为填报报表的基本单位。二级单位凡有法人资格、符合独立核算法人工业企业条件的，作为独立核算工业企业填报组织机构代码。不具有法人资格的二级单位在填写时，除填写联合企业（独立核算单位）的组织机构代码外，还应在9位方格后的括号内填写二级单位代码（系两位码）。二级单位代码指联合企业内对二级单位编的顺序编号，此码由联合企业统一编制。

尚未领取法定代码或不属于法定代码赋码范围的单位，各级环保部门可赋予临时代码。各地环保部门应严格控制临时代码的发放，做到发放的临时代码不重复。

工业源调查对象临时代码的编码原则：临时代码共8位码，前4位为所在市（地、州、盟）行政区划代码，统一按《中华人民共和国行政区划代码》（GB/T 2260）填写，第5位为英文字母G，后3位由环保部门对其进行编码，为001～999。校验码由计算机根据组织机构代码校验规则自动生成。

农业源畜禽养殖场/小区编码＝县行政区划代码＋识别码（XC）+4位养殖场/小区编号+2位识别码。4位养殖场/小区编号：从0001开始升序排列，最大到9999。必须填满4格，不足的左补“0”。

单位名称

按经工商行政管理部门核准、进行法人登记的名称填写，在填写时应使用规范化汉字全称，即与企业（单位）公章所使用的名称一致。二级单位须同时用括号注明二级单位的名称。如企业名称变更（含当年变更），应同时填上变更前名称（曾用名）。

凡经登记主管机关核准或批准具有两个或两个以上名称的单位，要求填写法人名称，同时用括号注明其余名称。

法定代表人

法人代表姓名，是根据章程或有关文件代表本单位行使职权的签字人，企业法定代表人按《企业法人营业执照》填写。

行政区划代码

行政区划代码由 6 位数码组成，代表单位所在省（自治区、直辖市）和区县，详见《中华人民共和国行政区划代码》（GB/T 2260）。企业要根据详细地址对照代码表填写在方格内。

登记注册类型

以工商行政管理部门对企业登记注册的类型为依据，企业登记注册类型如表 5-1 所示。

表 5-1　企业登记注册类型

代码	企业登记注册类型	代码	企业登记注册类型	代码	企业登记注册类型
100	内资企业	159	其他有限责任公司	230	港、澳、台商独资企业
110	国有企业	160	股份有限公司	240	港、澳、台商投资股份有限公司
120	集体企业	170	私营企业	290	其他港、澳、台商投资企业
130	股份合作企业	171	私营独资企业	300	外商投资企业
140	联营企业	172	私营合伙企业	310	中外合资经营企业
141	国有联营企业	173	私营有限责任公司	320	中外合作经营企业
142	集体联营企业	174	私营股份有限公司	330	外资企业
143	国有与集体联营企业	190	其他企业	340	外商投资股份有限公司
149	其他联营企业	200	港、澳、台商投资企业	390	其他外商投资企业
150	有限责任公司	210	合资经营企业（港或澳、台资）		
151	国有独资公司	220	合作经营企业（港或澳、台资）		

企业规模

按企业从业人员数、营业收入两项指标为划分依据，划分规模按国家统计局制发的《国家统计局关于印发统计上大中小微型企业划分办法的通知》确定，划分标准见表 5-2。大、中、小型企业须同时满足所列指标的下限，否则下划一档；微型企业只需满足所列指标中的一项即可。

表 5-2　统计上大中小微型企业划分标准

行业名称	指标名称	计算单位	大型	中型	小型	微型
工业企业	从业人员（X）	人	$X\geq1\ 000$	$300\leq X<1\ 000$	$20\leq X<300$	$X<20$
	营业收入（Y）	万元	$Y\geq40\ 000$	$2\ 000\leq Y<40\ 000$	$300\leq Y<2\ 000$	$Y<300$

行业类别

指根据其从事的社会经济活动性质对各类单位进行分类。一个企业属于哪一类工业行业，是按正常生产情况下生产的主要产品的性质（一般按在工业总产值中占比重较大的产品及重要产品）把整个企业划入某一工业行业小类内。

开业时间

指企业向工商行政管理部门进行登记、领取法人营业执照的时间。1949 年以前成立的企业填写最早开工年月；合并或兼并企业，按合并前主要企业领取营业执照的时间（或最早开业时间）填写；分立企业按分立后各自领取法人营业执照的时间填写。

所在流域

指企业所在的水体流域的名称（如××沟、××河、××港、××江、××塘、××海等）。其中，流域编码由 10 位数码组成，前 8 位是全国环境系统河流代码，详见《环境信息标准化手册（第 2 卷）》（中国标准出版社出版）；海域代码分别是：1-渤海，2-黄海，3-东海，4-南海。

各地如有本编码未编入的小河流需统计使用，可由省、自治区、直辖市环保部门按照本编码的编码方法在相应的空码上继续编排，并可扩展至第 9 至 10 位，如无扩编码应在 9、10 位格内补“0”。

排水去向类型

按《排放去向代码表》进行填写，具体如下：A 直接进入海域；B 直接进入江、河、湖、库等水环境；C 进入城市下水道（再入江、河、湖、库）；D 进入城市下水道（再入沿海海域）；E 进入城市污水处理厂；F 直接进入污灌农田；G 进入地渗或蒸发地；H 进入其他单位（非集中式污水处理厂）；L 工业废水集中处理厂；K 其他。

如果企业有多个排口且排水去向同时存在排入污水处理厂（包括 E、L、H）和排入环境（包括 A、B、C、D、F、G、K），排入污水处理厂（包括 E、L、H）的填写排入污水处理厂的名称和代码；其余的填写排水量最大的排水去向类型和代码。

排入的污水处理厂

企业排放废水进入的集中式污水处理厂名称及其组织机构代码。

需要注意的问题：排入的污水处理厂指企业排放的工业废水经由地下管网进入的污水处理厂，此污水处理厂应在基 501 表中，基 101 表中填报的污水处理厂的名称（应填法定全名）和法人代码应与基 501 表中一致。

数据获取方式：若不确定污水排入哪个污水处理厂，可咨询当地环保部门，也可查询周边污水处理厂的集水区域范围，由企业所在区域确定。

常见错误：缺报，或基 101 表与基 501 表填报的名称和法人代码不一致。

受纳水体

填报企业废水直接排入水体的名称（如××沟、××河、××港、××江、××塘、××海等）。各单位必须将排入的水体按照统一给定的编码填报。其中，流域编码由 10 位数码组成，前 8 位是全国环境系统河流代码，详见《环境信息标准化手册（第 2 卷）》（中国标准出版社出版）；海域代码分别是：1-渤海，2-黄海，3-东海，4-南海。排入市政管网的则填最终排入的水体代码。

各地如有本编码未编入的小河流需统计使用，可由省、自治区、直辖市环保部门按照本编码的编码方法在相应的空码上继续编排，并可扩展至第 9 至 10 位，如无扩编码应在 9、10 位格内补“0”。

5.2　调查对象台账指标

5.2.1　用水情况指标

工业用水量

指报告期内企业厂区内用于工业生产活动的水量，它等于取水量与重复用水量之和。

需要注意的问题：取水量涉及收费的一般有计量，误差应不大；取用地下水的水量，由于无计量装置，数据易产生误差。重复用水量若无计量装置，数据可能误差较大。

数据获取方式：取水量查阅用水表或水费单，对没有计算装置的自取地下水，只能估算。重复用水量需借助水平衡来获取。

取水量

指报告期内企业厂区内用于工业生产活动的水量中从外部取水的量。根据《工业企业产品取水定额编制通则》（GB/T 18820—2011），工业生产的取水量，包括取自地表水（以净水厂供水计量）、地下水、城镇供水工程，以及企业从市场购得的其他水（如其他企业回用水量）或水的产品（如蒸汽、热水、地热水等），不包括企业自取的海水和苦咸水等以及企业为外供给市场的水的产品（如蒸汽、热水、地热水等）而取用的水量。

工业生产活动用水包括主要工业生产用水、辅助生产（包括机修、运输、空压站等）用水和附属生产（包括厂内绿化、职工食堂、非营业的浴室及保健站、厕所等）用水；不包括：①非工业生产单位的用水，如厂内居民家庭用水和企业附属幼儿园、学校、对外营业的浴室、游泳池等的用水量；②生活用水单独计量且生活污水不与工业废水混排的水量。

对火电企业：根据《取水定额　第 1 部分：火力发电》（GB/T 18916.1—2012）和《节水型企业火力　发电行业》（GB/T 26925—2011），火电企业取水量包括取自地表水（以净水厂供水计量）、地下水、城镇供水工程，以及企业从市场购得的其他水或水的产品（如蒸汽、热水、地热水等），不包括企业自取的海水和苦咸水等以及企业为外供给市场的水产品（如蒸汽、热水、地热水等）而取用的水量。采用直流冷却系统的电厂取水量不包括从江、河、湖等水体取水用于凝汽器冷却的水量；电厂从直流冷却水（不包括海水）系统中取水用做其他用途，则该部分应计入电厂取水范围。直流冷却系统指从江、河、湖、海等水体取水，使用后向同一水体排水的冷却水系统，循环冷却系统指带冷却塔的循环水系统。

对钢铁企业：根据《取水定额　第 2 部分：钢铁联合企业》（GB/T 18916.2—2012），钢铁企业取水量包括取自企业自建或合建的取水设施、地区或城镇供水工程、发电厂尾水以及企业外购水量，不包括企业自取的海水、苦咸水和企业排出厂区的废水回用水。

重复用水量

指报告期内企业生产用水中重复再利用的水量，包括循环使用、一水多用和串级使用的水量（含经处理后回用量）。

指企业内部对工业生产活动排放的废水直接利用或经过处理后回收再利用的水量，不包括从城市污水处理厂回用的水量。

重复用水量的计算原则：

①开放原则。即水的循环在开放系统进行，循环一次计算一次，锅炉、循环冷却系统等封闭式系统内的循环水不能计算重复用水量。

②“源头”计算原则。对循环水来说，使用后的水，又回流到系统的取水源头，流经源头一次，计算一次。循环系统中的中间环节用水不得计算重复用水量。

③异地原则。对于非循环系统，根据不同工艺对不同水质的要求，在一个地方（工艺）使用过的水，在另外一个地方（工艺）中又进行使用，使用一次，计算一次。在同一地方（容器）多次使用的水，不得计算重复用水量。

④经过净化处理后的水重复再用，在任何情况下都按照重复用水计算。

数据获取方式：查阅企业水表或利用水平衡估算。

常见问题：企业易夸大重复用水量，或将锅炉、循环冷却系统等封闭式系统内的循环水计算为重复用水量，故重复用水量偏大。

工业用水重复利用率

工业用水重复利用率=工业重复用水量/工业用水总量

5.2.2 能源消耗情况指标

煤炭消耗量

指报告期内企业所用煤炭的总消耗量。

燃料煤消耗量

指报告期内企业厂区内用作燃料的煤炭消耗量（实物量），包括企业厂区内生产、生活用燃料煤，也包括砖瓦、石灰等产品生产用的内燃煤，不包括在生产工艺中用作原料并能转换成新的产品实体的煤炭消耗量。如转换为水泥、焦炭、煤计、碳素、活性炭、氮肥的煤炭。

燃料油消耗量（不含车船用）

指报告期内企业用作燃料的原油、汽油、柴油、煤油等各种油料总消耗量，不包括车船交通用油量。

焦炭消耗量

指报告期内企业消耗的焦炭总量。

天然气消耗量

指报告期内企业用作燃料的天然气消耗量。

其他燃料消耗量

指报告期内企业除了煤炭、燃油、天然气等以外，用作燃料的其他燃料消耗量。其他燃料应根据当地的折标系数折算为标准煤后统一填报（表 5-3）。

表 5-3　各类能源的参考折标系数

<table>
<tr><th colspan="2">能源种类</th><th>折标系数</th><th>能源种类</th><th>折标系数</th></tr>
<tr><td colspan="2">原煤</td><td>0.714 3</td><td>煤焦油</td><td>1.142 9</td></tr>
<tr><td colspan="2">洗精煤</td><td>0.900 0</td><td>粗苯</td><td>1.428 6</td></tr>
<tr><td rowspan="2">其他洗煤</td><td>洗中煤</td><td>0.285 7</td><td>原油</td><td>1.428 6</td></tr>
<tr><td>煤泥</td><td>0.285 7~0.428 6</td><td>汽油</td><td>1.471 4</td></tr>
</table>

能源种类		折标系数	能源种类		折标系数
型煤		0.5~0.7	煤油		1.471 4
焦炭		0.971 4	柴油		1.457 1
焦炉煤计（以标煤计）		0.571 4~0.614 3 kg/m^3	燃料油		1.428 6
高炉煤计（以标煤计）		0.128 6 kg/m^3	热力（以标煤计）		0.034 12 $kg/10^9J$ 0.142 86 $kg/10^6cal$
天然气（以标煤计）		1.330 0 kg/m^3	电力（以标煤计）		0.122 9 kg/（kW·h）
液化天然气（以标煤计）		1.757 2	生物质能	大豆秆、棉花秆	0.543
液化石油气（以标煤计）		1.714 3		稻秆	0.429
炼厂干气（以标煤计）		1.571 4		麦秆	0.500
其他煤气（以标煤计）	发生炉煤气	0.178 6 kg/m^3		玉米秆	0.529
	重油催化裂解煤气	0.657 1 kg/m^3		杂草	0.471
	重油热裂解煤气	1.214 3 kg/m^3		树叶	0.500
	焦炭制气	0.557 1 kg/m^3		薪柴	0.571
	压力气化煤气	0.514 3 kg/m^3		沼气（以标煤计）	0.714 kg/m^3
	水煤气	0.357 1 kg/m^3		—	—

注：除表中标注单位的能源外，其余能源折标系数单位（以标煤计）均为 kg/kg。

各地的能源折标系数由当地环保部门协调统计部门提供。调查对象也可根据燃料品质分析报告，自行折标填报。

5.2.3　生产设施情况指标

工业锅炉数

指报告期内企业厂区内用于生产和生活的大于 1 蒸吨（含 1 蒸吨）的蒸汽锅炉、热水锅炉总台数和总蒸吨数，包括燃煤、燃油、燃气和燃电的锅炉，不包括茶炉。

工业炉窑数

指报告期内企业生产用的炉窑总数，如炼铁高炉、炼钢炉、冲天炉、烘干炉窑、锻造加热炉、水泥窑、石灰窑等。

5.2.4　原辅材料和产品情况指标

主要原辅材料用量

指报告期内企业在生产过程中使用的主要原材料和辅助材料。根据调查对象主要产品和产生污染物的主要工艺，按《产排污系数手册》中所列的原辅材料，填报 3 种原辅材料的规范名称、计量单位、实际使用量，可在规范名称后括号补充常用俗名，同类原料的计量单位应保持统一。

主要产品生产情况

指报告期内企业生产的符合产品质量要求的实物生产情况。产品品种只限于正式投产的产品，不包括试制新产品、科研产品以及正式投产以前试生产的产品。应填写在生产过程中与污染物产生密切相关的3种产品或中间产品的规范名称、计量单位及实际产量，可在规范名称后括号补充常用俗名，计量单位尽量选用标准计量单位，如重量单位选“吨”。

5.2.5 畜禽养殖情况指标

养殖种类

填写养殖场/小区养殖的品种，分为生猪、奶牛、肉牛、蛋鸡、肉鸡。

饲养量

指被调查对象当年饲养的畜禽（奶牛、蛋鸡）平均存栏数量，或调查对象当年畜禽（生猪、肉牛、肉鸡）出栏总数。

饲养周期

指完成畜禽（生猪、肉牛、肉鸡）特定阶段饲养的全部时间。

清粪方式

包括干清粪（年降雨量大于500 mm的地区无雨污分流的不算干清粪）、水冲粪（年降雨量大于500 mm的地区雨污不分流的干清粪方式认定为水冲粪方式）和垫草垫料（包括普通垫草垫料和生物发酵床养殖两种）。调查对象根据养殖活动生产中所采用清粪方式，填写各种清粪方式所占的比例（三种方式之和为100%）。

粪便处理方式

粪便处理方式主要有以下类型：

直接农业利用　包括直接农业利用、简单堆肥后利用、种植食用菌、水产养殖。农业利用方式中粪便施用量不能超过作物营养需求量。

生产有机肥　指通过生物发酵、干燥等工艺制成商品有机肥。

生产沼气　指通过厌氧发酵生产沼气、沼气得到有效利用的粪便处理方式。

无处理　包括直接排入环境、没有固定防雨堆场的粪便处理方式、粪便过量排入土地系统的利用方式。

根据养殖活动中对畜禽粪便实际处理的方式，填写各种粪便处理方式所占的比例（四种方式之和为100%）。

尿液/污水处理方式

尿液/污水处理方式主要有以下类型：

直接农业利用　包括直接农业灌溉、水产养殖。在农业利用方式中，污水需要有固定的储存池；另外，灌溉量不能超过作物营养需求量。

厌氧处理　包括普通沼气池处理、UASB、UBF等改良型厌氧反应器处理。

厌氧+农业利用　污水经过厌氧处理，处理后沼液再农业利用。沼液需要有固定的储存池；另外，农业利用不能超过作物营养需求量。

厌氧+好氧处理　厌氧好氧组合处理方式，厌氧处理同上，好氧处理包括普通活性污泥法、SBR法、生物膜法、生物接触氧化法等。

厌氧+好氧+深度处理　厌氧处理、好氧处理同上，深度处理包括膜处理、强化物化处理（脱氮除磷）、人工湿地、氧化塘、生物滤池等生态处理。

无处理　包括直接排入环境、没有固定储存池和过量排入土地系统的农业利用方式。

根据养殖活动中污水实际处理情况，填写各种污水处理方式所占的比例（六种方式之和为 100%）。

需要注意的是：如粪便、尿液/污水一起进入厌氧池进行厌氧发酵生产沼气，则填报时粪便按生产沼气填写，尿液/污水处理方式按厌氧处理填写。

5.3　污染物产排量指标

5.3.1　工业废水及污染物指标

工业废水排放量

指报告期内经过企业厂区所有排放口排到企业外部的工业废水量。包括生产废水、外排的直接冷却水、废气治理设施废水、超标排放的矿井地下水和与工业废水混排的厂区生活污水，不包括独立外排的间接冷却水（清浊不分流的间接冷却水应计算在内）。

直接冷却水　在生产过程中，为满足工艺过程需要，使产品或半成品冷却所用与之直接接触的冷却水（包括调温、调湿使用的直流喷雾水）。

间接冷却水　在工业生产过程中，为保证生产设备能在正常温度下工作，用来吸收或转移生产设备的多余热量所使用的冷却水（此冷却用水与被冷却介质之间由热交换器壁或设备隔开）。

直接排入环境的　指废水经过工厂的排污口或经过下水道直接排入环境中，包括排入海、河流、湖泊、水库、蒸发地、渗坑及农田等。对应的排水去向代码为 A、B、C、D、F、G、K。

排入污水处理厂　指企业产生的废水直接或间接经市政管网排入污水处理厂，包括排入城镇污水处理厂、集中工业废水处理厂及其他单位的污水处理设施。对应的排水去向代码为 E、L、H。

数据获取方式：除监测法外，可以通过水平衡、排放系数法（吨产品工业废水排放量）来获取。

数据范围：工业废水排放量除采矿业等行业外，原则上应小于工业用水量和取水量。一般来说，工业废水排放量一般是取水量的 60%～90%，饮料制造业、药品制剂业等将新鲜用水作为主要原料的行业，比例偏低。

数据审核：对造纸、印染等主要涉水行业可用行业标准对废水排放量进行审核。

排入污水处理厂的化学需氧量浓度

指企业产生的排入污水处理厂的废水中化学需氧量的浓度，为该企业的出厂界浓度，按照全年加权平均值填报。

排入污水处理厂的氨氮浓度

指企业产生的排入污水处理厂的废水中氨氮的浓度，为该企业的出厂界浓度，按照全年加权平均值填报。

工业废水中污染物产生量

指报告期调查对象生产过程中产生的未经过处理的废水中所含的化学需氧量、氨氮、石油类、挥发酚、氰化物等污染物和砷、铅、汞、镉、六价铬、总铬等重金属本身的纯质量。它可采用产排污系数根据生产的产品产量或原辅料用量计算求得，也可以通过工业废

水产生量和其中污染物的浓度相乘求得，计算公式为

污染物产生量（纯质量）=工业废水产生量×废水处理设施入口污染物的平均浓度（无处理设施可使用排口浓度）

计算砷、铅、汞、镉、六价铬、总铬等重金属污染物量时，上述计算公式中“工业废水产生量”为产生重金属废水的车间年实际产生的废水量，“废水处理设施入口污染物的平均浓度”为该车间废水处理设施入口的年实际加权平均浓度，如没有设施则为车间排口的年实际加权平均浓度。

为便于理解，对各种废水污染物做如下说明：

汞（Hg） 通称“水银”，一种有毒的银白色一价和二价重金属元素，它是常温下唯一的液体金属，游离于自然界并存在于辰砂、甘汞及其他几种矿中。常常用焙烧辰砂和冷凝汞蒸汽的方法制取汞，它主要用于科学仪器（电学仪器、控制设备、温度计、气压计）及汞锅炉、汞泵和汞气灯中。

镉（Cd） 一种锡白色可延展的有毒二价金属元素，能高度磨光，当受弯曲时会发出破裂声。产于硫镉矿，也以少量含于锌矿石中，可作为副产品提取。主要为保护铁板、钢板做电镀及制造金属轴承之用。

六价铬（Cr^{6+}） 铬是广泛存在于环境中的一种元素，是人体的一种必需微量元素。铬的化合物有二价、三价和六价 3 种，六价铬及其化合物都溶于水，毒性也最强，三价铬和二价铬毒性都很小。

砷（As） 砷元素属于类金属，元素砷不溶于水和酸，几乎没有毒性，若暴露于空气中，则极易被氧化成剧毒的三氧化二砷。常见的砷化合物有三氧化二砷（砒霜）、二硫化二砷（雄黄）、三硫化二砷（雌黄）、三氯化砷等。砷在自然界中多以化合物的形态存在于铅、铜、银、锑及铁等金属矿中，空气、水、土壤及动植物体内一般含量很少，不会引起危害。但个别水源含砷量很高，长期饮用可引起慢性砷中毒。

挥发酚 酚类化合物是芳烃的含羟基衍生物，根据其挥发性分为挥发性酚和不挥发性酚。自然界中存在的酚类化合物大部分是植物生命活动的结果，植物体内所含的酚称内源性酚，其余称外源性酚。酚类化合物都具有特殊的芳香气味，均呈弱酸性，在环境中易被氧化。酚类化合物的毒性以苯酚为最大，通常含酚废水中又以苯酚和甲酚的含量最高。目前环境监测常以苯酚和甲酚等挥发性酚作为污染指标。

氰化物 氰化物是含有氰基（—CN）的一类化合物的总称，分简单氰化物、氰络合物和有机氰化物 3 种，简单氰化物最常见的是氰化氢、氰化钠和氰化钾，均易溶于水，进入人体后易解离出氰基，对人体有剧毒。

化学需氧量（COD） 指用化学氧化剂氧化水中有机污染物时所需的氧量。COD 值越高，表示水中有机污染物污染越重。

氨氮 指水中以游离氨（NH_3）和铵离子（MH_4^+）形式存在的氮。动物性有机物的含氮量一般较植物性有机物为高。同时，人畜粪便中含氮有机物很不稳定，容易分解成氨。因此，水中氨氮含量增高时指以氨或铵离子形式存在的化合氨。

工业废水中污染物排放量

工业源废水污染物排放量为最终排入外环境的量，指报告期内企业排放到外环境的工业废水中所含化学需氧量、氨氮、石油类、挥发酚、氰化物等污染物和砷、铅、汞、镉、

六价铬等重金属本身的纯质量。它可采用产排污系数根据生产的产品产量或原辅料用量计算求得，也可以通过工业废水排放量和其中污染物的浓度相乘求得，计算公式是

污染物排放量（纯质量）= 工业废水排放量×排放口污染物的平均质量浓度

如企业排出的工业废水经城镇污水处理厂或工业废水处理厂集中处理的，计算化学需氧量、氨氮、石油类、挥发酚、氰化物等污染物时，上述计算公式中“排放口污染物的平均浓度”即为污水处理厂排放口的年实际加权平均浓度。如果厂界排放浓度低于污水处理厂的排放浓度，以污水处理厂的排放浓度为准。

计算砷、铅、汞、镉、六价铬等重金属污染物时，上述计算公式中“工业废水排放量”为车间排放口的年实际废水量，“排放口污染物的平均浓度”为车间排放口的年实际加权平均浓度。

排水去向类型为 E（城镇污水处理厂）、H（进入其他单位）和 L（工业废水集中处理厂）的重点调查单位，其废水污染物排放量为经污水处理厂（或其他单位）处理、削减后的排放量。其废水污染物排放量可通过工业企业的废水排放量与污水处理厂（或其他单位）平均出口浓度计算得出；若无污水处理厂（或其他单位）出口浓度监测数据，则根据实际情况选用其他方法进行核算。

对于排水去向类型为 E（城镇污水处理厂）的企业，不考虑城镇污水处理厂对其重金属的削减，其重金属（砷、镉、铅、汞、铬）排放量一律按企业车间（或车间处理设施）排口的排放量核算、填报。

排水去向类型为 L（工业废水集中处理厂）和 H（进入其他单位）的企业，根据接纳其废水的单位废水处理设施是否具有去除重金属的工艺，确定重金属排放量核算方法：若接纳其废水的工业废水集中处理厂（或其他单位）废水处理设施具有去除重金属的工艺，则按接纳其废水的工业废水集中处理厂（或其他单位）出口废水重金属浓度及接纳废水量核算排放量；若接纳其废水的工业废水集中处理厂（或其他单位）废水处理设施无去除重金属的工艺，则该企业重金属排放量按车间（或车间处理设施）排口的排放量核算。

5.3.2　工业废气及污染物指标

工业废气排放量

指报告期内企业厂区内燃料燃烧和生产工艺过程中产生的各种排入空气中含有污染物的气体的总量，以标准状态（273.15 K，101 325 Pa）计。

二氧化硫产生量

指当年全年调查对象生产过程中产生的未经过处理的废气中所含的二氧化硫总质量。

二氧化硫排放量

指报告期内企业在燃料燃烧和生产工艺过程中排入大气的二氧化硫总质量。工业中二氧化硫主要来源于化石燃料（煤、石油等）的燃烧，还包括含硫矿石的冶炼或含硫酸、磷肥等生产的工业废气排放。

氮氧化物产生量

指当年全年调查对象生产过程中产生的未经过处理的废气中所含的氮氧化物总质量。

氮氧化物排放量

指报告期内企业在燃料燃烧和生产工艺过程中排入大气的氮氧化物总质量。

烟（粉）尘产生量

烟尘是指通过燃烧煤、石煤、柴油、木柴、天然气等产生的烟气中的尘粒。通过有组织排放的，俗称"烟道尘"。工业粉尘指在生产工艺过程中排放的能在空气中悬浮一定时间的固体颗粒。如钢铁企业耐火材料粉尘、焦化企业的筛焦系统粉尘、烧结机的粉尘、石灰窑的粉尘、建材企业的水泥粉尘等。烟（粉）尘产生量指当年全年调查对象生产过程中产生的未经过处理的废气中所含的烟尘及工业粉尘的总质量之和。

烟（粉）尘排放量

指报告期内企业在燃料燃烧和生产工艺过程中排入大气的烟尘及工业粉尘的总质量之和。烟尘或工业粉尘排放量可以通过除尘系统的排风量和除尘设备出口烟尘浓度相乘求得。

重金属产生量

指报告期调查对象生产过程中产生的未经过处理的废气中分别所含的砷、铅、汞、镉、铬及其化合物的总质量（以元素计）。

重金属排放量

指报告期内企业在燃料燃烧和生产工艺过程中分别排入大气的砷、铅、汞、镉、铬及其化合物的总质量（以元素计）。

5.3.3 一般工业固体废物指标

一般工业固体废物产生量

指未被列入《国家危险废物名录》或者根据国家规定的《危险废物鉴别标准》（GB 5085）、《固体废物浸出毒性浸出方法　水平振荡法》（HJ 557—2010）及固体废物浸出毒性测定方法（GB / T 15555、HJ 749—2015）判定不具有危险特性的工业固体废物。根据其性质分为两类：

第Ⅰ类一般工业固体废物　按照 HJ 557—2010 规定方法进行浸出试验而获得的浸出液中，任何一种污染物的质量浓度均未超过《污染综合排放标准》（GB 8978）最高允许排放质量浓度限值，且 pH 值在 6～9 的一般工业固体废物；

第Ⅱ类一般工业固体废物　按照 HJ 557—2010 规定方法进行浸出试验而获得的浸出液中，有一种或一种以上的污染物浓度超过 GB 8978 最高允许排放浓度，或者是 pH 值在 6～9 之外的一般工业固体废物。

不包括矿山开采的剥离废石和掘进废石（煤矸石和呈酸性或碱性的废石除外）。酸性或碱性废石是指采掘的废石其流经水、雨淋水的 pH 值小于 4 或 pH 值大于 10.5 者。

表 5-4　一般工业固体废物分类明细

代码	名称	代码	名称
SW01	冶炼废渣	SW07	污泥
SW02	粉煤灰	SW08	放射性废物
SW03	炉渣	SW09	赤泥
SW04	煤矸石	SW10	磷石膏
SW05	尾矿	SW99	其他废物
SW06	脱硫石膏		

冶炼废渣　指在冶炼生产中产生的高炉渣、钢渣、铁合金渣等，不包括列入《国家危险废物名录》中的金属冶炼废物。

粉煤灰　指从燃煤过程产生的烟气中收捕下来的细微固体颗粒物，不包括从燃煤设施炉膛排出的灰渣。主要来自电力、热力的生产和供应行业及其他使用燃煤设施的行业，又称飞灰或烟道灰。主要从烟道气体收集而得，应与其烟尘去除量基本相等。

炉渣　指企业燃烧设备从炉膛排出的灰渣，不包括燃料燃烧过程中产生的烟尘。

煤矸石　指与煤层伴生的一种含碳量低、比煤坚硬的黑灰色岩石，包括巷道掘进过程中的掘进矸石、采掘过程中从顶板、底板及夹层里采出的矸石以及洗煤过程中挑出的洗矸石。主要来自煤炭开采和洗选行业。

尾矿　指矿山选矿过程中产生的有用成分含量低、在当前的技术经济条件下不宜进一步分选的固体废物，包括各种金属和非金属矿石的选矿。主要来自采矿业。

脱硫石膏　指废气脱硫的湿式石灰石/石膏法工艺中，吸收剂与烟气中 SO_2 等反应生成的副产物。

污泥　指污水处理厂污水处理中排出的、以干泥量计的固体沉淀物。

指含有天然放射性核素，并且其比活度大于 2×10^4Bq / kg 的尾矿砂、废矿石及其他放射性固体废物（指放射性浓度或活度或污染水平超过规定下限的固体废物）。

赤泥　指从铝土矿中提炼氧化铝后排出的污染性废渣，一般含氧化铁量大，外观与赤色泥土相似。

磷石膏　指在磷酸生产中用硫酸分解磷矿时产生的二水硫酸钙、酸不溶物，未分解磷矿及其他杂质的混合物。主要来自磷肥制造业。

其他废物　指除上述 10 类一般工业固体废物以外的未列入《国家危险废物名录》的固体废物，如机械工业的切削碎屑、研磨碎屑、废砂型等；食品工业的活性炭渣；硅酸盐工业和建材工业的砖、瓦、碎砾、混凝土碎块等。

一般工业固体废物产生量=（一般工业固体废物综合利用量–其中：综合利用往年贮存量）+一般工业固体废物贮存量+（一般工业固体废物处置量–其中：处置往年贮存量）+一般工业固体废物倾倒丢弃量

一般工业固体废物综合利用量

指报告期内企业通过回收、加工、循环、交换等方式（表 5-5），从固体废物中提取或者使其转化为可以利用的资源、能源和其他原材料的固体废物量（包括当年利用的往年工业固体废物累计贮存量）。如用作农业肥料、生产建筑材料、筑路等。综合利用量由原产生固体废物的单位统计。

表 5-5　工业固体废物综合利用的主要方式

序号	综合利用方式	序号	综合利用方式
1	铺路	9	再循环/再利用不是用作溶剂的有机物
2	建筑材料	10	再循环/再利用金属和金属化合物
3	农肥或土壤改良剂	11	再循环/再利用其他无机物
4	矿渣棉	12	再生酸或碱
5	铸石	13	回收污染减除剂的组分

序号	综合利用方式	序号	综合利用方式
6	其他	14	回收催化剂组分
7	作为燃料（直接燃烧除外）或以其他方式产生能量	15	废油再提炼或其他废油的再利用
8	溶剂回收/再生（蒸馏、萃取等）	16	其他有效成分回收

综合利用往年贮存量

指企业在报告期内对往年贮存的工业固体废物进行综合利用的量。

一般工业固体废物综合利用率

一般工业固体废物综合利用率=一般工业固体废物综合利用量/（一般工业固体废物产生量+综合利用往年贮存量）

一般工业固体废物贮存量

指报告期内企业以综合利用或处置为目的，将固体废物暂时贮存或堆存在专设的贮存设施或专设的集中堆存场所内的量。专设的固体废物贮存场所或贮存设施必须有防扩散、防流失、防渗漏、防止污染大气和水体的措施。

粉煤灰、钢渣、煤矸石、尾矿等的贮存量是指排入灰场、渣场、矸石场、尾矿库等贮存的量。

专设的固体废物贮存场所或贮存设施指符合环保要求的贮存场，即选址、设计、建设符合《一般工业固体废物贮存、填埋场污染控制标准》（GB 18599—2001）等相关环保法律法规要求，具有防扩散、防流失、防渗漏、防止污染大气和水体措施的场所和设施。

表 5-6　工业固体废物的主要贮存方式

序号	贮存方式
1	灰场堆放
2	渣场堆放
3	尾矿库堆放
4	其他贮存（不包括永久性贮存）

一般工业固体废物处置量

指报告期内企业将工业固体废物焚烧和用其他改变工业固体废物的物理、化学、生物特性的方法，达到减少或者消除其危险成分的活动，或者将工业固体废物最终置于符合环境保护规定要求的填埋场的活动中，所消纳固体废物的量。

处置方式有填埋、焚烧、专业贮存场（库）封场处理、深层灌注、回填矿井及海洋处置（经海洋管理部门同意投海处置）等。

处置量包括本单位处置或委托给外单位处置的量，还包括当年处置的往年工业固体废物贮存量。

表 5-7　工业固体废物的主要处置方式

处置方式
围隔堆存（属永久性处置）
填埋
置放于地下或地上（如填埋、填坑、填浜）

特别设计填埋
海洋处置
经海洋管理部门同意的投海处置
埋入海床
焚化
陆上焚化
海上焚化
水泥窑共处置（指在水泥生产工艺中使用工业固体废物或液态废物作为替代燃料或原料，消纳处理工业固体或液态废物的方式）
固化
其他处置（属于未在上面 5 种指明的处置作业方式外的处置）
废矿井永久性堆存（包括将容器置于矿井）
土地处理（属于生物降解，适合于液态废物或污泥固体废物）
地表存放（将液态废物或污泥固体废物放入坑、氧化塘、池中）
生物处理
物理化学处理
经环保管理部门同意的排入海洋之外的水体（或水域）
其他处理方法

处置往年贮存量

指报告期内企业按照《关于固体废物处置、综合利用的作业方式的规定》的要求，处置的上一报告期末企业累计贮存的工业固体废物的量。

一般工业固体废物倾倒丢弃量

指报告期内企业将所产生的固体废物倾倒或者丢弃到固体废物污染防治设施、场所以外的量。倾倒丢弃方式有：

1）向水体排放固体废物；

2）在江河、湖泊、运河、渠道、海洋的滩场和岸坡倾倒、堆放和存贮废物；

3）利用渗井、渗坑、渗裂隙和溶洞倾倒废物；

4）向路边、荒地、荒滩倾倒废物；

5）未经环保部门同意作填坑、填河和土地填埋固体废物；

6）混入生活垃圾进行堆置的废物；

7）未经海洋管理部门批准同意，向海洋倾倒废物；

8）其他去向不明的废物；

9）深层灌注。

一般工业固体废物倾倒丢弃量＝一般工业固体废物产生量-一般工业固体废物贮存量-（一般工业固体废物综合利用量-其中：综合利用往年贮存量）-（一般工业固体废物处置量-其中：处置往年贮存量）

5.3.4 危险废物指标

危险废物产生量

指当年全年调查对象实际产生的危险废物的量。危险废物指列入《国家危险废物名录》

或者根据国家规定的危险废物鉴别标准和鉴别方法认定的，具有爆炸性、易燃性、易氧化性、毒性、腐蚀性、易传染性疾病等危险特性之一的废物。按《国家危险废物名录》（环境保护部、国家发展和改革委员会 2008 部令第 1 号）填报。

危险废物综合利用量

指当年全年调查对象从危险废物中提取物质作为原材料或者燃料的活动中消纳危险废物的量。包括本单位利用或委托、提供给外单位利用的量。危险废物的利用方式见表 5-8。

危险废物综合利用往年贮存量

指当年全年调查对象对往年贮存的危险废物进行综合利用的量。

危险废物送外单位综合利用量

指将所产生的危险废物运往其他单位进行综合利用的量。

危险废物送持证单位综合利用量

指将所产生的危险废物运往持有危险废物经营许可证的单位综合利用的量。危险废物经营许可证是根据《危险废物经营许可证管理办法》由相应管理部门审批颁发的。

危险废物贮存量

指将危险废物以一定包装方式暂时存放在专设的贮存设施内的量。

专设的贮存设施指对危险废物的包装、选址、设计、安全防护、监测和关闭等符合《危险废物贮存污染控制标准》（GB 18597—2001）等相关环保法律法规要求，具有防扩散、防流失、防渗漏、防止污染大气和水体措施的设施。

危险废物处置量

指报告期内企业将危险废物焚烧和用其他改变废物的物理、化学、生物特性的方法，达到减少或者消除其危险成分的活动，或者将危险废物最终置于符合环境保护规定要求的填埋场的活动中，所消纳危险废物的量。处置量包括处置本单位或委托给外单位处置的量。危险废物的处置方式见表 5-8。

危险废物处置往年贮存量

指当年全年调查对象对往年贮存的危险废物进行处置的量。

危险废物送持证单位处置量

指将所产生的危险废物运往持有危险废物经营许可证的单位进行处置的量。

危险废物倾倒丢弃量

指报告期内企业将所产生的危险废物未按规定要求处理处置的量。

危险废物内部综合利用/处置方式

填写危险废物综合利用/处置代码（如需填报的内部综合利用/处置危险废物的方式超过 5 种可自行复印表格填写）。

内部年综合利用/处置能力

按内部综合利用/处置方式，填写单位内部每年可以综合利用/处置危险废物的数量。

表 5-8 危险废物的利用/处置方式

代码	说明
危险废物（不含医疗废物）利用方式	
R1	作为燃料（直接燃烧除外）或以其他方式产生能量

代码	说明
R2	溶剂回收/再生（如蒸馏、萃取等）
R3	再循环/再利用不是用作溶剂的有机物
R4	再循环/再利用金属和金属化合物
R5	再循环/再利用其他无机物
R6	再生酸或碱
R7	回收污染减除剂的组分
R8	回收催化剂组分
R9	废油再提炼或其他废油的再利用
R15	其他
危险废物（不含医疗废物）处置方式	
D1	填埋
D9	物理化学处理（如蒸发、干燥、中和、沉淀等），不包括填埋或焚烧前的预处理
D10	焚烧
D16	其他
其他	
C1	水泥窑共处置
C2	生产建筑材料
C3	清洗（包装容器）
医疗废物处置方式	
Y10	医疗废物焚烧
Y11	医疗废物高温蒸汽处理
Y12	医疗废物化学消毒处理
Y13	医疗废物微波消毒处理
Y16	医疗废物其他处置方式

注：为与《控制危险废物越境转移及其处置巴塞尔公约》相对应，废物综合利用和处置方式的代码未连续编号；综合利用、处置不包括填坑、填海；水泥窑共处置，是指在水泥生产工艺中使用工业废物作为替代燃料或原料，消纳处理工业危险废物的方式。

5.3.5　城镇生活污水及污染物指标

城镇生活污水污染物产生量

指调查年度各类生活源污水污染物从贮存场所排入市政管道、排污沟渠和周边环境的量。

城镇生活污水污染物去除量

指调查年度，地区所有集中式污水处理设施对生活污水污染物的去除总量。

城镇生活污水污染物排放量

指调查年度最终排入外环境的生活污水污染物的量，即生活污水污染物产生量扣减经集中污水处理设施去除的生活污水污染物量。

城镇生活污水排放系数

指城镇居民每人每天排放生活污水的量。生活污水排放系数测算公式为

人均日生活污水排放系数=人均日生活用水量×用排水折算系数

人均日生活用水量采用城市供水管理部门的统计数据（见各地区统计年鉴），用排水折算系数可采用城市供水管理部门和市政管理部门的统计数据计算，一般为 0.7～0.9。

城镇生活污水排放量

用人均系数法测算。如果辖区内的城镇污水处理厂未安装再生水回用系统，无再生水利用量，则

城镇生活污水排放量=城镇生活污水排放系数×城镇人口数×365

反之，辖区内的城镇污水处理厂配备再生水回用系统，其再生水利用量已经污染减排核查确认，则

城镇生活污水排放量=城镇生活污水排放系数×城镇人口数×365–城镇污水处理厂再生水利用量

城镇生活污水处理量

指调查年度调查区域内，所有集中式污水处理设施实际处理的生活污水总量。城镇生活污水处理量应与调查区域所有污水处理厂汇总的生活污水处理量相匹配。城镇生活污水处理量应小于或等于城镇生活污水排放量。

5.3.6 集中式污染治理设施污染物指标

渗滤液产生量

指调查对象调查年度实际产生的渗滤液量。如果没有计量装置可按照产污系数计算。

渗滤液排放量

指调查对象调查年度排放到外部的渗滤液的总量（包括经过处理的和未经处理的）。如果没有计量装置可按照排污系数计算。

渗滤液污染物产生量

指调查年度未经过处理的渗滤液中所含的化学需氧量、氨氮、石油类、总磷、挥发酚、氰化物、砷和汞、镉、铅、铬等重金属污染物本身的纯质量。

渗滤液污染物排放量

指调查年度排放的渗滤液中所含的化学需氧量、氨氮、石油类、总磷、挥发酚、氰化物、砷和汞、镉、铅、铬等重金属污染物本身的纯质量。

焚烧废气污染物产生量

指调查年度垃圾焚烧过程中产生的未经过处理的废气中所含的二氧化硫、氮氧化物、烟尘和汞、镉、铅等重金属及其化合物（以重金属元素计）的固态、气态污染物的纯质量。

焚烧废气污染物排放量

指调查年度垃圾焚烧过程中排放到大气中的废气（包括处理过的、未经过处理）中所含的二氧化硫、氮氧化物、烟尘和汞、镉、铅等重金属及其化合物（以重金属元素计）的固态、气态污染物的纯质量。

5.4 污染治理设施运行指标

5.4.1 企业内部废水治理指标

废水治理设施数目

指报告期内企业用于防治水污染和经处理后综合利用水资源的实有设施（包括构筑

物）数，以一个废水治理系统为单位统计。附属于设施内的水治理设备和配套设备不单独计算。已经报废的设施不统计在内。

只填报企业内部的废水治理设施，工业废水排入的城镇污水处理厂、集中工业废水处理厂不能算作企业的废水治理设施。企业内的废水治理设施包括一级、二级和三级处理的设施，如企业有 2 个排污口，1 个排污口为一级处理（隔油池、化粪池、沉淀池等），另 1 个排污口为二级处理（如生化处理），则该企业有 2 套废水治理设施；若该企业只有 1 个排污口，经由该排污口的废水先经过一级处理，再经二级（甚至三级）处理后外排，则该企业视为有 1 套废水治理设施。即针对同一股废水的所有水治理设备均视为 1 套治理设施，针对不同废水的水治理设备可视为多套治理设施。

常见问题：一般一个企业有 1～2 套治理设施，统计报表中填到几百几千套的，可能是将设备和设施混淆。

废水治理设施处理能力

指调查年度企业内部的所有废水治理设施具有的废水处理能力。

数据获取方式：对照《废水治理设施初步设计》中设计指标和实际情况确定。

数据范围：一般情况下，废水治理设施处理能力和工业废水处理量有潜在的逻辑关系，即废水处理量不超过废水处理设施处理能力的 0.0365 倍。县级污水处理厂处理能力一般在 20 000 t/d 左右，企业污水处理设施处理能力一般低于这个限值。

注意问题：单位以 t/d 计。

废水治理设施运行费用

指报告期内企业维持废水治理设施运行所发生的费用。包括能源消耗、设备维修、人员工资、管理费、药剂费及与设施运行有关的其他费用等。

工业废水处理量

指经各种水治理设施和集中式污水处理设施（含城镇污水处理厂、工业废水处理厂）实际处理的工业废水量，包括处理后外排的和处理后回用的工业废水量。虽经处理但未达到国家或地方排放标准的废水量也应计算在内。计算时，如遇有车间和厂排放口均有治理设施，并对同一废水分级处理时，不应重复计算工业废水处理量。

数据获取方式：根据实际监测量和废水治理设施处理能力获取该指标。

指标理解举例：A 企业不仅处理本厂工业废水，还处理其他企业如 B 厂工业废水。工业废水处理量和废水污染物去除量按照 A、B 厂协议及其他相关资料进行拆分处理，分别填写本厂实际量。在填写污水治理设施数目方面，为防止重复填报，只由 A 厂填报，B 厂不填报，在这种情况下，B 厂存在“有工业废水处理量、无工业废水治理设施”的逻辑错误。排入集中式污水处理设施的企业也存在“有工业废水处理量、无工业废水治理设施”的情况。这种逻辑问题允许存在。

5.4.2 企业内部废气治理指标

废气治理设施数目

指报告期末企业用于减少在燃料燃烧过程与生产过程中排向大气的污染物或对污染物加以回收利用的废气治理设施总数，以一个废气治理系统为单位统计。包括除尘、脱硫、脱硝及其他的污染物的烟气治理设施。已报废的设施不统计在内。锅炉中的除尘装置属于

“三同时”设备，应统计在内。

除尘设施数目

除尘设施指专门设计、建设的去除废气烟（粉）尘的设施。

脱硫设施数目

脱硫设施指专门设计、建设的去除废气中二氧化硫的设施，具有兼性脱硫效果的设施，如湿法除尘等治理设施等其他可能具有脱硫效果的废气治理设施不计入脱硫设施。具有脱硫效果的生产装置，如制酸、水泥生产等不作为脱硫设施。

脱硝设施数目

脱硝设施指在治理设施中采用选择性催化还原技术（SCR）、选择性非催化还原技术（SNCR）及其联合技术或采用活性炭吸附进行烟气脱销的设施。具有脱硝效果的生产装置，如水泥生产等不作为脱硝设施。

废气治理设施运行费用

指报告期内维持废气治理设施运行所发生的费用。包括能源消耗、设备折旧、设备维修、人员工资、管理费、药剂费及与设施运行有关的其他费用等。

治理设施工艺名称

指相应的脱硫、脱硝、除尘设施所采用的工艺方法，见表 5-9。

表 5-9 废气治理设施工艺方法

代码	除尘方法	代码	脱硫方法	代码	脱硝方法
A	重力沉降法	—	炉内脱硫法	S1	选择性催化还原技术（SCR）
B	惯性除尘法	X1	循环流化床锅炉	S2	选择性非催化还原技术（SNCR）
C	湿法除尘法（重力喷雾、麻石水膜、文丘里、泡沫除尘等）	X2	炉内喷钙法	S3	SCR、SNCR 联合脱硝技术
D	静电除尘法（管式、卧式）	X9	其他炉内脱硫法	S4	其他烟气脱硝方法
E	过滤式除尘法（布袋除尘法）	—	烟气脱硫法	S5	低氮燃烧技术
F	单筒旋风除尘法	Y1	石灰石-石膏法	S6	低氮燃烧+SNCR 联合脱硝技术
G	多管旋风除尘法	Y2	旋转喷雾干燥法	S7	低氮燃烧+SCR 联合脱硝技术
H	电袋除尘法	Y3	双碱法	S8	低氮燃烧+其他烟气脱硝方法
J	湿法电除尘	Y4	氧化镁法	—	—
W	其他除尘方法	Y5	氨法	—	—
—	—	Y6	海水脱硫法	—	—
—	—	Y9	其他烟气脱硫法	—	—
—	—	Z1	炉内脱硫与烟气脱硫组合法	—	—

烟气治理设施去除效率

指相应的脱硫、脱硝、除尘设施实测的污染物去除效率。根据相应的脱硫、脱硝、除尘设施的进口和出口污染物平均加权浓度计算。

烟气治理设施投运率

指报告期内相应的脱硫、脱硝、除尘设施投运后运行时间占生产设备同期运行时间的比例

烟气治理设施投运率=烟气治理设施投运后运行时间/生产设备同期运行时间×100%

5.4.3　污水处理厂指标

污水处理设施类型

指调查对象是城镇污水处理厂，还是工业废（污）水集中处理设施或其他污水处理设施。

污水处理级别

按污水处理程度，一般可分为一级、二级和三级处理。一级处理是以物理处理为主的处理工艺，指去除污水中的漂浮物和悬浮物的净化过程，主要为沉淀，一级强化处理归入一级处理；二级处理是以生物处理为主的处理工艺，指污水经一级处理后，用生物处理方法继续去除污水中胶体和溶解性有机物的净化过程；三级处理是进一步去除二级处理所不能完全去除的污水中的污染物的处理工艺，三级处理也称高级处理或深度处理。

污水处理方法名称及代码

城镇污水处理厂对应污水处理级别，将最高一级处理的处理方法名称和代码按污水处理方法代码表填报（表 5-10）。如有多条同一处理级别的污水处理线，但工艺不同，则选择两种主要的工艺进行填报。如有多条不同级别的污水处理线，则选择级别最高的两条污水处理线的工艺填报。

表 5-10　污水处理方法代码

代码	处理方法名称	代码	处理方法名称	代码	处理方法名称
1000	物理处理法	3000	物理化学处理法	4120	生物膜法
1100	过滤	3100	吸附	4121	普通生物滤池
1200	离心	3200	离子交换	4122	生物转盘
1300	沉淀分离	3300	电渗析	4123	生物接触氧化法
1400	上浮分离	3400	反渗透	4200	厌氧生物处理法
1500	其他	3500	超滤	4210	厌氧滤器
2000	化学处理法	3600	其他	4220	上流式厌氧污泥床工艺
2100	化学混凝法	4000	生物处理法	4230	厌氧折流板反应器工艺
2110	化学混凝沉淀法	4100	好氧生物处理	4300	厌氧/好氧生物组合工艺
2120	化学混凝气浮法	4110	活性污泥法	4310	两段好氧生物处理工艺
2200	中和法	4111	普通活性污泥法	4320	A/O 工艺
2300	化学沉淀法	4112	高浓度活性污泥法	4330	A^2/O 工艺
2400	氧化还原法	4113	接触稳定法	4340	A/O^2 工艺
2500	其他	4114	氧化沟	4400	其他
		4115	SBR		

运行费用

指调查年度维持污水处理厂（或处理设施）正常运行所发生的费用。包括能源消耗、

设备维修、人员工资、管理费、药剂费及与污水处理厂（或处理设施）运行有关的其他费用等，不包括设备折旧费。

再生水利用量

指调查对象调查年度处理后的污水中再回收利用的水量。该水量仅指总量减排核定化学需氧量或氨氮削减量的用于工业冷却、洗涤、冲渣和景观用水、生活杂用的水量。

污泥产生量

指调查对象调查年度在整个污水处理过程中最终产生污泥的质量。折合为80%含水率的湿泥量填报。污泥指污水处理厂（或处理设施）在进行污水处理过程中分离出来的固体。

污泥处置量

指调查年度采用土地利用、填埋、建筑材料利用和焚烧等方法对污泥最终消纳处置的质量。

污泥土地利用量

指调查年度将处理后的污泥作为肥料或土壤改良材料，用于园林、绿化或农业等场合的处置方式处置的污泥质量。

污泥填埋处置量

指调查年度采取工程措施将处理后的污泥集中堆、填、埋于场地内的安全处置方式处置的污泥质量。

污泥建筑材料利用量

指调查年度将处理后的污泥作为制作建筑材料的部分原料的处置方式处置的污泥质量。

污泥焚烧处置量

指调查年度利用焚烧炉使污泥完全矿化为少量灰烬的处置方式处置的污泥质量。

污泥倾倒丢弃量

指调查年度不作处理、处置而将污泥任意倾倒弃置到划定的污泥堆放场所以外的任何区域的质量。

污染物进口浓度

指污水处理厂进口废水中所含的汞、镉、铅、铬等重金属和砷、氰化物、挥发酚、化学需氧量、氨氮、总磷、总氮、生化需氧量等污染物的浓度。污染物浓度单位除汞为μg/L外，其余均为μg/L。污染物浓度按监测方法对应的有效数字填报。

污染物出口浓度

指污水处理厂排口废水中所含的汞、镉、铅、铬等重金属和砷、氰化物、挥发酚、化学需氧量、氨氮、总磷、总氮、生化需氧量等污染物的浓度。污染物浓度单位除汞为μg/L外，其余均为μg/L。污染物浓度按监测方法对应的有效数字填报。

5.4.4 生活垃圾处理厂（场）指标

垃圾处理方式

调查对象根据实际采取的垃圾处理方式，包括填埋、堆肥、焚烧和其他处理方式。

垃圾填埋场认定级别

指根据《生活垃圾填埋场无害化评价标准》（CJJ/T 107－2005）对调查对象进行的无

害化评价定级。垃圾填埋场等级对应的无害化水平应符合下列规定：

I 级：达到了无害化处理要求；II 级：基本达到了无害化处理要求；III 级：未达到无害化处理要求，但对部分污染施行了集中有效处理；IV 级：简易堆填，污染环境。

垃圾处理厂（场）废气净化方法名称及代码

垃圾处理厂（场）废气净化方法名称及代码见表 5-11。

表 5-11　垃圾处理厂（场）废气净化方法代码

代码	除尘方法	代码	脱硫方法	代码	其他净化方法
A	重力沉降法	X0	炉内脱硫法	J1	冷凝法
B	惯性除尘法	X1	循环流化床锅炉	J2	吸收法
C	湿法除尘法	X2	炉内喷钙法	J3	吸附法
D	静电除尘法	X9	其他炉内脱硫法	J4	直接燃烧法
E	过滤式除尘法	Y0	烟气脱硫法	J5	催化燃烧法
F	单筒旋风除尘法	Y1	石灰石石膏法	J6	催化氧化法
G	多管旋风除尘法	Y2	旋转喷雾干燥法	J7	催化还原法
W	其他除尘方法	Y9	其他烟气脱硫法	J8	冷凝净化法
		Z0	炉内脱硫与烟气脱硫组合法	J9	其他净化方法

焚烧残渣处置方式代码

焚烧残渣处置方式代码见表 5-12。

表 5-12　焚烧残渣处置方式代码

代码	处置方式
A	按照危险废物填埋，填埋场符合《危险废物填埋污染控制标准》（GB 18598—2001）
B	按照一般工业固体废物填埋，填埋场符合《一般工业固体废物贮存、处置场污染控制标准》（GB 18599—2001）
C	按照生活垃圾填埋，填埋场符合《生活垃圾填埋污染控制标准》（GB 16889—1997）
D	简易填埋，不符合国家标准的填埋设施
E	堆放（堆置），未采取工程措施的填埋设施

渗滤液处理方法名称及代码

根据渗滤液处理的工艺方法，处理方法名称及代码见表 5-13。

表 5-13　渗滤液处理方法名称及代码

代码	处理方法名称	代码	处理方法名称	代码	处理方法名称
1000	物理处理法	3600	其他	4330	A^2/O 工艺
1100	过滤	4000	生物处理法	4340	A/O^2 工艺
1200	离心	4100	好氧生物处理	4400	其他
1300	沉淀分离	4110	活性污泥法	5000	组合工艺处理法
1400	上浮分离	4111	普通活性污泥法	5100	物理＋化学
1500	其他	4112	高浓度活性污泥法	5200	物理＋生物
2000	化学处理法	4113	接触稳定法	5210	物理＋好氧生物处理

代码	处理方法名称	代码	处理方法名称	代码	处理方法名称
2100	化学混凝法	4114	氧化沟	5220	物理＋厌氧生物处理
2110	化学混凝沉淀法	4115	SBR	5230	物理＋组合生物处理
2120	化学混凝气浮法	4120	生物膜法	5300	化学＋物化
2200	中和法	4121	普通生物滤池	5400	化学＋生物
2300	化学沉淀法	4122	生物转盘	5410	化学＋好氧生物处理
2400	氧化还原法	4123	生物接触氧化法	5420	化学＋厌氧生物处理
2500	其他	4200	厌氧生物处理法	5430	化学＋组合生物处理
3000	物理化学处理法	4210	厌氧滤器工艺	5500	物化＋生物
3100	吸附	4220	上流式厌氧污泥床工艺	5510	物化＋好氧生物处理
3200	离子交换	4230	厌氧折流板反应器工艺	5520	物化＋厌氧生物处理
3300	电渗析	4300	厌氧/好氧生物组合工艺	5530	物化＋组合生物处理
3400	反渗透	4310	两段好氧生物处理工艺	5600	其他
3500	超滤	4320	A/O工艺		

5.4.5 危险废物（医疗废物）集中处理（置）厂指标

危险废物（医疗废物）集中处理（置）厂类型

危险废物集中处理（置）厂　指提供社会化有偿服务，将多个工业企业、事业单位、第三产业或居民生活产生的危险废物集中起来进行综合利用、焚烧、填埋等处理的场所或单位。不包括企业内部自建自用的危险废物处置装置。

医疗废物集中处置厂　指将医疗废物集中起来进行处置的场所。不包括医院自建自用的医疗废物处置设施。

其他企业协同处置　由企事业单位附属的同时还接受社会其他单位委托，或利用其他设施（如水泥窑、生活垃圾焚烧设施等）处理处置危险废物的设施。如污染物排放量不能单独统计，就将该企业污染物排放纳入工业源统计，但企业基本信息和处理（置）信息仍需填写“危险废物处理（置）厂”表，污染物排放量可不填。

危险废物处理（置）方式

危险废物处理（置）方式主要有：

焚烧　指焚烧危险废物使之分解并无害化的过程或处理方式。

填埋　危险废物的一种陆地处置方式，通过设置若干个处置单元和构筑物来防止水污染、大气污染和土壤污染的危险废物最终处置方式。

综合利用　对危险废物中可利用的成分以实现资源化、无害化为目标的处理（置）方式。

实际处置危险废物量

指调查年度调查对象将危险废物焚烧和用其他改变危险废物的物理、化学、生物特性的方法，达到减少已产生的危险废物数量、缩小危险废物体积、减少或者消除其危险成分的活动，或者将危险废物最终置于符合环境保护规定要求的填埋场的活动中，所消纳危险废物的量。

处置工业危险废物量

指调查对象调查年度采用各种方式处置的工业危险废物的总量。医疗废物集中处置厂不得填写该项指标。

处置医疗废物量

指调查对象调查年度采用各种方式处置的医疗废物的总量。

处置其他危险废物量

指调查对象调查年度采用各种方式处置的除工业危险废物和医疗废物以外其他危险废物的总量，如教学科研单位实验室、机械电器维修、胶卷冲洗、居民生活等产生的危险废物。医疗废物集中处置厂不得填写该项指标。

危险废物综合利用量

指调查年度调查对象从危险废物中提取物质作为原材料或者燃料的活动中消纳危险废物的量。

5.5　污染治理投资指标

5.5.1　工业企业污染治理投资

污染治理项目名称

指以治理老工业污染源的污染、“三废”综合利用为主要目的的工程项目名称，或本年度完成建设项目“三同时”环境保护竣工验收的项目名称。

项目类型

按照不同的项目性质，污染治理项目分为 3 类，并给予不同的代码。

1-老工业污染源治理在建项目；2-老工业污染源治理本年竣工项目；3-建设项目“三同时”环境保护竣工验收本年完成项目。

治理类型

按照不同的企业污染治理对象，污染治理项目分为 14 类（表 5-14）：

1-工业废水治理；2-工业废气脱硫治理；3-工业废气脱硝治理；4-其他废气治理；5-一般工业固体废物治理；6-危险废物治理（企业自建设施）；7-噪声治理（含振动）；8-电磁辐射治理；9-放射性治理；10-工业企业土壤污染治理；11-矿山土壤污染治理；12-污染物自动在线监测仪器购置；13-污染治理搬迁；14-其他治理（含综合防治）。

表 5-14　治理类型和项目建设内容对照

<table>
<tr><th>治理类型</th><th colspan="2">项目建设内容</th></tr>
<tr><td rowspan="9">业废水治理</td><td rowspan="5">工业动力供应系统废水治理</td><td>燃料堆放场排水及冲水处理设施</td></tr>
<tr><td>除尘、脱硫废水处理设施</td></tr>
<tr><td>锅炉软化水处理设施</td></tr>
<tr><td>炉渣冲洗水处理设施</td></tr>
<tr><td>含废油污水回收和处理设施</td></tr>
<tr><td rowspan="3">工业原材料采选系统废水治理</td><td>矿山金属、非金属、石油、天然气、煤炭、盐卤、石材采矿、选矿、浮选废水处理设施</td></tr>
<tr><td>尾矿坝外排水处理设施</td></tr>
<tr><td>储运系统废水处置或回收设施</td></tr>
</table>

治理类型	项目建设内容	
工业废水治理	工业生产系统废水治理	废液（如釜液、母液）、高浓度有机废水处理设施
		工业废水（含酸、含碱、含金属、含废油、含有机物、有毒、含腐蚀物质等废水）的防渗、防腐蚀、净化处理设施
		高炉煤气废水净化处理设施
		化验分析废液、废水处理设施
		厂区生活污水处理设施
		综合性废水处理设施
	全厂范围内的废水收集与治理	全厂范围内的污水收集、处理、排放管网及设施
	污染应急处理处置	废水污染事故应急处理设施
工业废气治理	动力系统废气治理	燃料堆场除尘、防尘、抑尘设施
		燃料上料系统除尘、抑尘设施
		锅炉烟气除尘、脱硫、脱硝等净化回收设施
	原材料采选系统废气治理	采矿、选矿时防尘、除尘、抑尘设施
		井下有毒有害气体净化处理设施
	生产工艺系统废气治理	原料粉碎及上料系统除尘、抑尘设施
		各种工艺废气及尾气 SO_2、H_2S、HF、NO_x 等污染物净化回收设施
		温室气体处置设施
	污染应急处理处置	废气污染事故应急处理设施
一般工业固体废物治理	废物回收	废弃泥浆回收利用设施
		原材料加工和成品包装工程中的碎料、废料、废品的堆放处置回收设施
	集中处置	灰渣场及粉煤灰、炉渣的堆埋覆盖工程
		废弃泥浆处置设施
		油泥、油渣处置设施
		生产工程中产生的各种废渣的处理处置设施
		安全堆放及集中处置场建设
		废旧电器安全处置设施
危险废物治理（非核非放射性）	收运及贮存	专用包装袋、容器，暂时贮存柜（箱）
		贮存库房建设
		运送车辆
		识别标志
	处理处置	各类含有毒熔渣安全堆场及处置回收设施
		有害废物处理处置工程和设施建设
		焚烧处置成套装置（含尾气净化设施）
噪声治理	设备低噪改造	机器、设备、管道隔声处理设施
		车间吸声处理设施
		对产生噪声的设备、大型电机等采取的消声、隔声、阻尼、隔振、减振等设施
	厂区隔音改造	隔声建筑材料
		隔音玻璃
		墙面隔声护面板
		（声学）绿化带

<table>
<tr><th>治理类型</th><th colspan="2">项目建设内容</th></tr>
<tr><td rowspan="5">电磁辐射和放射性废物治理</td><td>封闭</td><td>封闭设施</td></tr>
<tr><td rowspan="2">收运及贮存</td><td>专用包装袋、容器</td></tr>
<tr><td>运送车辆</td></tr>
<tr><td rowspan="2">集中处置</td><td>放射性废物安全堆放场建设</td></tr>
<tr><td>放射性废物安全处置工程建设</td></tr>
<tr><td rowspan="9">工业企业土壤污染治理</td><td>污染土壤清理</td><td>土壤污染后对地上、内陆地表水及海水（包括海岸地区）进行净化及清理的设施</td></tr>
<tr><td rowspan="5">污染土壤治理</td><td>企业现场、垃圾场及其他污染点土壤净化设施</td></tr>
<tr><td>从水体（江河、湖泊、江河口等）掏挖污染物的配套设施</td></tr>
<tr><td>废气及废液排放网络</td></tr>
<tr><td>分离、存放和恢复沉淀所用抽取桶及容器</td></tr>
<tr><td>沉淀法分取和再储存设施</td></tr>
<tr><td rowspan="3">防止污染物渗透</td><td>土壤封存配套设施</td></tr>
<tr><td>防止污染物流失或泄漏的集水设施</td></tr>
<tr><td>污染产品储存及运输加固设备</td></tr>
<tr><td rowspan="20">矿山土壤污染治理</td><td rowspan="5">废弃地复垦</td><td>矿山复垦设施</td></tr>
<tr><td>露天坑、废石场、尾矿库、矸石山等永久性坡面稳定化处理设施</td></tr>
<tr><td>废石场、尾矿库、矸石山等固体废物堆场封场及复垦设施</td></tr>
<tr><td>覆岩离层注浆设施</td></tr>
<tr><td>尾矿及废石采空区充填设施</td></tr>
<tr><td rowspan="5">尾矿贮存及处置</td><td>尾矿库</td></tr>
<tr><td>尾矿库二次污染及次生灾害防护设施</td></tr>
<tr><td>尾矿库防渗与集排水设施</td></tr>
<tr><td>尾矿库坝面、坝坡植被种植设施</td></tr>
<tr><td>选矿固体废物综合利用设施</td></tr>
<tr><td rowspan="3">固体废物贮存</td><td>采矿活动产生固体废物二次污染及次生灾害防护设施</td></tr>
<tr><td>废石场酸性废水污染防治设施</td></tr>
<tr><td>煤矸石氧化自燃防护设施</td></tr>
<tr><td rowspan="5">其他综合整治</td><td>矿坑排水综合整治设施</td></tr>
<tr><td>矿石及废石堆淋滤水综合整治设施</td></tr>
<tr><td>矿山工业和生活污水综合整治设施</td></tr>
<tr><td>矿石粉尘综合整治设施</td></tr>
<tr><td>燃煤排放烟尘、SO_2 及放射性物质的综合整治设施</td></tr>
<tr><td>矿山应急处置</td><td>矿山污染应急处理设施</td></tr>
<tr><td>废弃矿山监测</td><td>可开发为农牧业用地的矿山废弃地全面监测设施</td></tr>
</table>

开工年月

指污染治理项目开始建设的年月。按照建设项目设计文件中规定的永久性工程第一次开始施工的年月填写。如果没有设计，则以计划方案规定的永久性工程实际开始施工的年月为准。

建成投产年月

指污染治理项目按计划规定的生产能力和效益在一定时间内全部建成，经验收合格或达到竣工验收标准（引进项目并应按合同规定经过试生产考核达到验收标准，经双方签字确认）正式移交生产或交付使用的时间。

计划总投资

指污染治理项目按照总体设计规定的内容全部建成计划（或按设计概算和预算）需要的总的资金。没有总体设计的更新改造、其他固定资产投资和城镇集体投资单位，分别按年内施工工程的计划总投资合计数填报。

至本年底累计完成投资

指至报告期末，企业在污染治理项目中实际完成的累计投资额。实际完成投资额包括实际完成的建筑安装工程的价值，设备、工具、器具的购置费，以及实际发生的其他费用。没用到工程实体的建筑材料、工程预付款和没有进行安装的设备等，都不能计算此指标。

数据获取方式：查阅污染治理项目投资报表。

本年完成投资及资金来源

指在报告期内，企业实际用于环境治理工程的投资额。投资额中的资金来源，是指投资单位在本年内收到的用于污染治理项目投资的各种货币资金，包括排污费补助、政府其他补助、企业自筹。各种来源的资金均为报告期投入的资金，不包括以往历年的投资。

本年污染治理资金合计＝排污费补助+政府其他补助+企业自筹

排污费补助

指从征收的排污费中提取的用于补助重点排污单位治理污染源以及环境污染综合性治理措施的资金。

竣工项目设计或新增处理能力

设计能力是指设计中规定的主体工程（或主体设备）及相应的配套的辅助工程（或配套设备）在正常情况下能够达到的处理能力。报告期内竣工的污染治理项目，属新建项目的填写设计文件规定的处理、利用“三废”能力；属改扩建、技术改造项目的填写经改造后新增加的处理利用能力，不包括改扩建之前原有的处理能力；只更新设备或重建构筑物，处理利用“三废”能力没有改变的则不填。

工业废水设计处理能力的计量单位为 t/d；工业废气设计处理能力的计量单位为 m^3/h（标态）；工业固体废物设计处理能力的计量单位为 t/d；噪声治理（含振动）设计处理能力以降低的分贝数表示；电磁辐射治理设计处理能力以降低的电磁辐射强度表示（电磁辐射计量单位有电场强度单位为 V/m、磁场强度单位为 A/m、功率密度单位为 W/m^2）；放射性治理设计处理能力以降低的放射性浓度表示，废水计量单位为 Bq/L，固体废物计量单位为 Bq/kg。

5.5.2 规模化畜禽养殖场/小区污染治理投资

治污设施累计完成投资

养殖场/小区当前可用于养殖污染治理设施的累计投资总额。

新增固定资产

指调查年度交付使用的固定资产价值。对于新建治污设施，本年新增固定资产投资等于总投资；对于改、扩建治污设施，本年新增固定资产投资仅指调查年度交付使用的改、扩建部分的固定资产投资，属于累计完成投资的一部分。

5.5.3　集中式污染治理设施投资

污水处理厂、危险废物（医疗废物）集中处理（置）厂累计完成投资

指截至当年末，污水处理厂、危险废物（医疗废物）集中处理（置）厂建设实际完成的累计投资额，不包括运行费用。

污水处理厂、危险废物（医疗废物）集中处理（置）厂新增固定资产

指调查年度交付使用的固定资产价值。对于新建污水处理厂、危险废物（医疗废物）集中处理（置）厂，本年新增固定资产投资等于总投资；对于改、扩建的，本年新增固定资产投资仅指调查年度交付使用的改、扩建部分的固定资产投资，属于累计完成投资的一部分。

5.6　环境管理指标

为反映环保系统环境管理主要工作进展及环保系统自身能力建设情况，环境统计报表制度中设计了环境管理报表。环境管理报表主要包括环保机构、环境信访与环境法制、环境保护能力建设投资、环境污染源控制与管理、环境监测、污染源自动监控、排污费征收、自然生态保护与建设、环境影响评价、建设项目竣工环境保护验收、突发环境事件、环境宣传教育 12 个方面的 131 项指标，本书仅对其中部分重点指标做出解释。

5.6.1　环保机构

环保系统机构数/人数

指环保系统行政主管部门及其所属事业单位、社会团体设置情况，包括机构总数和在编人员总数。

环保系统行政主管部门指各级人民政府环境保护行政主管部门设置情况，不包括各类开发区等非行政区环保主管部门。

环保系统所属事业单位包括环境监测站、环境监察机构、核与辐射环境监测站、科研机构、宣教机构、信息机构、环境应急（救援）机构等。

5.6.2　环境信访与环境法制

当年受理行政复议案件数

指调查年度内本级环保部门受理的所有行政复议案件数（含非环保案件），包括已受理但未办结的案件；但不包括非本统计年受理而在本统计年内办理或办结的案件。

本级行政处罚案件数

指调查年度本级环保部门对环境违法行为下达的行政处罚决定和责令改正违法行为决定的案件数。只要下达行政处罚决定和责令改正违法行为决定即纳入统计，无论是否在本年度内立案、结案。

当年备案的地方环境标准数

调查年度由省、自治区、直辖市人民政府依法制定，并通过国务院环保部门备案、登记的地方环境质量标准和地方污染物排放标准数量。指符合《地方环境质量标准和污染物排放标准备案管理办法》（环境保护部令第 9 号）要求，通过国务院环境保护部门备案审查后在环境保护部网站上公布备案登记信息的地方环境质量标准和污染物排放标准数量。

累计备案的地方环境标准总数

指至调查年度末累计由省、自治区、直辖市人民政府依法制定，并通过国务院环境保护部门备案审查、登记的地方环境质量标准和地方污染物排放标准总数。包括已废止的标准和现行有效的标准。

来信总数

指调查年度各级环保部门接收的书面来信数量。在信访办理有效期（60 日）内重复信访的只统计为一件，但已办结的信访件重复信访的应再次统计；只统计本级接收的来信，不统计上级转交下级办理的来信数量；一次提出多个问题的来信统计为一件。

来访总数

指调查年度各级环保部门接待上访人员的数量，同时统计批次、人次。在信访办理有效期（60 日）内重复信访的只统计为一件，但已办结的信访件重复信访的应再次统计；只统计本级接待的来访，不统计上级转交下级办理的来访数量；一次提出多个问题的来访统计为一件。

5.6.3 环境保护能力建设投资

本级环保能力建设资金使用总额

指本级使用的、当年已完成的用于提高环境保护监督管理能力和环境科技发展能力的基本建设和购置固定资产的投资。具体包括：各级环境保护行政主管部门、各类环境保护事业单位、各类环境监测站点等的基本建设投资，购置固定资产的投资及监测、监察等环境监管运行保障经费（含办公业务用房和科研用实验室的建设费用；不含行政运行费用、科技研发费用、生活福利设施的建设费用）。

环境保护事业单位包括环境监测、环境监察、环境应急、固体废物管理、环境信息、环境宣传、核与辐射、环境科研以及环保部门驻外和派出机构等。

其中：

①监测能力建设资金使用总额是指各级环境监测机构、各类环境监测站点等当年已完成的基本建设投资和购置固定资产的投资总额。

②监察能力建设资金使用总额是指各级环境监察机构、污染源监控中心、污染源自动监控设施等当年已完成的基本建设投资和购置固定资产的投资总额。

③核与辐射安全监管能力建设资金使用总额是指各级核与辐射安全监管机构、核与辐射自动监测站点等当年已完成的基本建设投资和购置固定资产的投资总额。

④固体废物管理能力建设资金使用总额是指各级固体废物管理机构当年已完成的基本建设投资和购置固定资产的投资总额。

⑤环境应急能力建设资金使用总额是指各级环境应急管理机构当年已完成的基本建设投资和购置固定资产的投资总额。

⑥环境信息能力建设资金使用总额是指各级环境信息机构、环境信息网络当年已完成的基本建设投资和购置固定资产的投资总额。

⑦环境宣教能力建设资金使用总额是指各级环境宣教机构、培训基地等当年已完成的基本建设投资和购置固定资产的投资总额。

⑧环境监管运行保障资金使用总额是指各级监测、监察、核与辐射安全、宣教等机构开展污染源与总量减排监管、环境监测与评估、环境信息等业务发生的环境监管运行保障经费。不包含固定资产。

5.6.4 环境污染源控制与管理

清洁生产审核当年完成企业数

指本地区在调查年度完成清洁生产审核并通过评估或验收的企业数量。各地区清洁生产审核管理一般有两种情况：评估和验收分开实施，则统计该地区当年完成评估的企业数量；评估和验收同时进行的，则统计该地区当年完成验收的企业数量。

强制性审核当年完成企业数

指本地区在调查年度完成强制性清洁生产审核并通过评估或验收的企业数量。各地区强制性清洁生产审核管理一般有两种情况：评估和验收分开实施，则统计该地区当年完成评估的企业数量；评估和验收同时进行的，则统计该地区当年完成验收的企业数量。

应开展监测的重金属污染防控重点企业数

指按照《重金属污染综合防治“十二五”规划》要求开展监测的重金属污染防控重点企业数。重金属污染防控重点企业指《重金属污染综合防治“十二五”规划》中的 4 452 家重金属排放企业，主要考核重点企业废气、废水中重点重金属污染物达标排放情况，若企业关闭则不纳入统计基数。《重金属污染综合防治“十二五”规划》要求各地对 4 452 家重点企业每两个月开展一次监督性监测，重点企业应实现稳定达标排放。

重金属排放达标的重点企业数

指重点重金属污染物达标排放的重点企业数。由各地环保部门按照《重金属污染综合防治“十二五”规划》要求对重点企业实施每两个月一次的监督性监测，涉及企业实际排放的铅、汞、镉、铬、砷 5 种重点重金属中的一种或多种按排放标准评价其达标排放情况。若一次监测不达标则视为该企业不达标；未开展重金属监督性监测视为不达标。

已发放危险废物经营许可证数

截至调查年度末，由各级环境保护行政主管部门依法审批发放并处于有效期内的危险废物经营许可证数量，包括综合经营许可证和收集经营许可证。

具有医疗废物经营范围的许可证数

指在“已发放危险废物经营许可证数”指标的统计范围内，核准经营危险废物类别包括“HW01 医疗废物”的危险废物经营许可证数。

地表水集中式饮用水水源取水量

指从地表水（湖泊、水库、河流等）集中式饮用水水源中取水的总量。

集中式饮用水水源：指通过输配水管网送到用户或者公共取水点的供水方式（包括自建设施供水）供水的水源（服务人口一般大于 1 000 人）。

受省级环保部门委托的机动车环保检验机构数

按照《中华人民共和国大气污染防治法》《机动车环保检验机构管理规定》和《在用机动车排放污染物检测机构技术规范》的要求，由省级环保部门委托组织开展机动车环保定期检验工作，且委托证书在有效期内的机构数量。机动车环保检验人数是指在上述机构工作，经省环保部门培训并持证上岗的检测人员数量。

5.6.5 环境监测

监测业务经费

指完成常规监测、专项监测、应急监测、质量保证、报告编写、信息统计等工作所需经费，不含自动监测、信息系统运行费和仪器设备购置费等。

监测仪器设备台套数及原值总值

指基本仪器设备、应急环境监测仪器设备和专项监测仪器设备等的数量。监测仪器设备的原值总值，是指通过政府采购、公开招投标或其他采购方式购买的各类监测仪器设备的购置金额。

空气监测点位数

指位于本辖区、为监测所代表地区的空气质量而设置的常年运行的例行监测点位的数量。包括国控、省控、市控及县控监测点位数。其中：国控监测点位数指位于本辖区、由国家批准纳入国家城市环境空气质量监测网络的空气监测点位数。

地表水水质监测断面数

指位于本辖区、为反映地表水水质状况而设置的监测点位数。包括国控、省控、市控的河流断面和湖库监测点位；河流断面一般包括背景断面、对照断面、控制断面、削减断面等。其中国控断面数指位于本辖区、由国家组织实施监测的、为反映水体水质状况而设置的监测点位数。

集中式饮用水水源地监测点位数

指位于本辖区、为反映集中式饮用水水源地水质状况而设置的监测点位数。包括地表水集中式饮用水水源地监测点位数和地下水集中式饮用水水源地监测点位数。

生态监测站数

指位于本辖区，为观测、收集和反映地球表面生态属性信息而设置的监测站个数，包括生态遥感监测站个数和生态地面监测站个数。生态遥感监测是利用遥感技术对地表生态状况进行观测，生态地面监测是采用定点样地的方式收集生态系统信息。其中，生态遥感监测站个数为具备开展生态遥感监测能力的监测站个数；生态地面监测站个数为具备开展生态地面监测能力的监测站个数。同时具备生态遥感监测和地面监测能力的监测站统计为一个生态监测站。

开展污染源监督性监测的重点企业数

指按照相关要求开展污染源监督性监测的重点企业数，以省、市、县本级监测站实施监督性监测的企业数为准，上级监测站委托下级监测站监测的企业由受托方统计。

重点企业　由各级政府部门监控的占辖区内主要污染物排放负荷达到一定比例以上的，以及其他根据环境保护规划或者专项环境污染防治需要而列入监控范围的排污单位，包括国控、省控、市控企业和其他企业。

污染源监督性监测　环境保护行政主管部门所属环境监测机构对辖区内的污染源实施的定期或不定期监测，包括对污染源污染物排放的抽查监测和对自动监测设备的比对监测。

5.6.6　污染源自动监控

监控设备与环保部门稳定联网数

指已实施自动监控的国家重点监控企业中，其化学需氧量（氨氮、二氧化硫、氮氧化物）自动监控设备正常运行、自动监控数据（浓度和排放量）能通过数据采集和传输设备与环保部门污染源监控中心稳定联网报送的企业数。

5.6.7　排污费征收

排污费解缴入库户数

指调查年度经对账、实际解缴国库的排污费所对应的户数，同一排污者分期分批计征或解缴排污费的不重复计算户数。

排污费解缴入库户金额

指调查年度经对账、实际解缴国库的排污费累计金额。

5.6.8　自然生态保护与建设

自然保护区个数

指全国（不含香港、澳门特别行政区和台湾地区）建立的各种类型、不同级别的自然保护区的总数相加之和，应包括国家级、省级和市（县）级自然保护区。

自然保护区面积

指全国（不含香港、澳门特别行政区和台湾地区）建立的各种类型、不同级别的自然保护区的总面积相加之和，应包括国家级、省级和市（县）级自然保护区。

生态市、县建设个数

至调查年度末，获得省级及以上环境保护主管部门正式命名的生态市、县个数。

农村生态示范建设个数

至调查年度末，环境保护部公告命名的国家级生态乡镇和村个数。

国家有机食品生产基地数量

指符合《国家有机食品生产基地考核管理规定》相关要求的有机食品生产基地的数量。

5.6.9　环境影响评价

当年开工建设的建设项目数量

指一切基本建设项目和技术改造项目，包括饮食服务等三产项目（区域开发已列入规划环评管理，不再计入建设项目）。由省级环保部门根据统计部门数据填报。

当年审查的规划环境影响评价文件数量

指调查年度审查的规划环境影响评价文件数量。按审查权限统计，分别由国家、省级、地市级环保部门对负责审查的规划环境影响评价文件进行统计。

5.6.10 建设项目竣工环境保护验收

当年完成环保验收项目数

指调查年度完成环保验收的建设项目数。按审批权限统计，分别由国家、省级、地市级、县级环保部门对负责验收管理的项目进行统计。委托下级验收的项目，由受委托部门统计。项目分为生态影响类、城市基础设施和工业企业项目三类。

生态影响类项目

指交通运输（公路、铁路、城市道路和轨道交通、港口和航运、管道运输等）、水利水电、石油和天然气开采、矿山采选、电力生产（风力发电）、农业、林业、牧业、渔业、旅游等行业和海洋、海岸带开发、高压输变电线路等主要对生态造成影响的建设项目。

城市基础设施项目

根据《建设项目环境影响评价分类管理目录》，城市基础设施建设项目包括城市基础设施及房地产（U类）中煤气生产和供应，城市天然气供应，热力生产和供应，自来水生产和供应，生活污水集中处理，工业废水集中处理，海水淡化、其他水处理利用，管网建设，生活垃圾集中转运站，生活垃圾集中处置，城镇粪便处理，危险废物（含医疗废物）集中处置，仓储，城镇河道、湖泊整治及废旧资源回收加工再生类别的建设项目。

工业企业项目

根据《建设项目环境影响评价分类管理目录》，工业企业项目包括煤炭（D类）、电力（E类，不含其他能源发电、送（输）变电工程类别）、黑色金属（G类）、有色金属（H类）、金属制品（I类）、非金属矿采及制品制造（J类）、机械、电子（K类）、石化、化工（L类）、医药（M类）、轻工（N类）、纺织化纤（O类）类别的建设项目。

5.6.11 突发环境事件

突发环境事件次数

指调查年度发生突发性环境事件的次数。若突发环境事件涉及两个以上省（自治区、直辖市），由事发地省级环保部门负责上报。特别重大、重大、较大、一般环境事件的级别划分参考《突发环境事件信息报告办法》（环保部17号令）。

第 6 章　环境统计主要支撑技术

6.1　各污染源污染核算方法

6.1.1　工业源

6.1.1.1　污染核算方法

（1）监测数据法

监测数据法是依据实际监测的调查对象产生和外排的废水、废气（流）量及其污染物浓度，计算出废气、废水排放量及各种污染物的产生量和排放量。监测数据包括手工监测数据和在线监测数据。其中，手工监测数据包括环保部门对该企业进行的监督性监测数据、建设项目环保竣工验收监测数据、企业委托监测数据和企业自测数据。所有监测数据须符合环境统计技术规定的要求才能作为有效数据应用于环境统计污染物核算过程中。污染物的排放量计算采用式（6-1）。

$$G=Q\times c\times T \tag{6-1}$$

式中，G——废水或废气中某污染物的排放量，kg；

Q——单位时间废水或废气中某污染物的排放量，m^3/h；

c——某污染物的实测质量浓度，mg/L；

T——污染物排放时间，h。

监测数据法核算污染物的工作流程为：监测部门将监测数据定期提供给环境统计部门，再由环境统计部门向调查对象布置报表时提供（有的调查对象也会直接从监测部门获得监测数据）。调查对象根据监测数据使用的相关技术规定，选用监督性监测数据或自动在线监测数据核算污染物产排量，之后将污染物排放量和核算使用的监测数据同时上报环境统计部门，以备审核。环境统计部门在收到调查对象上报资料后，在监测部门的协助下开展审核并反馈。具体见图 6-1。

监测数据法的主要特点有：

①计算过程和参数相对精确，在质量得到保证的前提下，计算数据最为可靠。监测数据出自监测仪器，相对比较精确，用其核算污染物排放量，容易被企业接受。在监测数据质量可以得到保证的前提下，由于有足够的监测频次，自动监测法计算排污总量最为可靠，尤其对于排污不规律的企业更具优势。

②监测数据法直接选用废水、废气污染物监测的浓度值及流量进行核算，不受治污设施变化的影响，治污设施的变化直接体现在浓度的变化中，故监测数据法并不依赖于治污设施本身来核算污染物产排量，这点也是其他方法所不能比拟的。

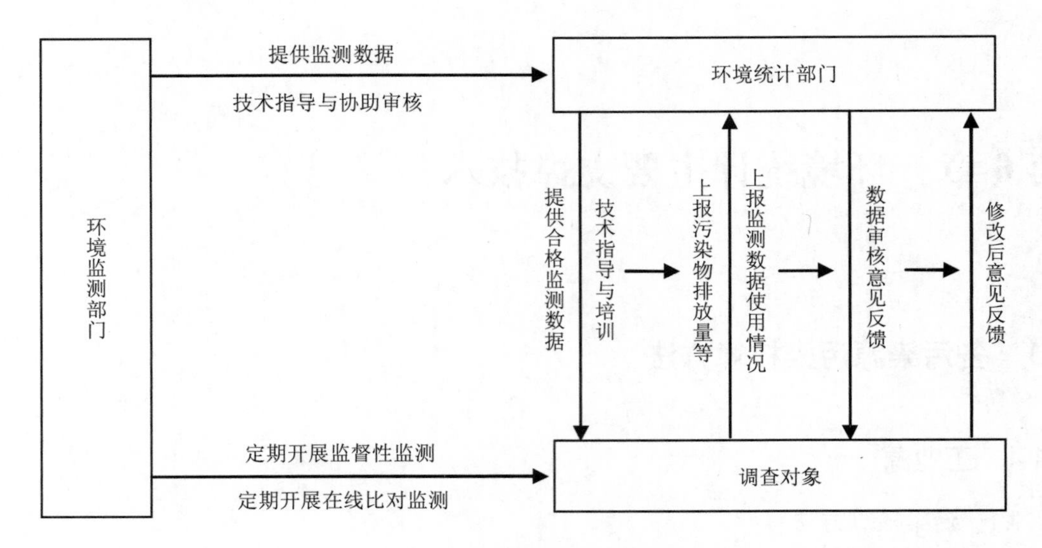

图 6-1 监测数据法核算污染流程

③可获取信息最为直接、全面。监测数据法是计算排污量非常有效的方法，不仅可以计算监测当天的排污量，还可结合生产负荷数据计算一定时段内的排污量。

但监测数据法在使用过程中也存在许多问题：监测工况、监测频次、监测数据代表性对核算结果准确度有很大影响，而因受到人力、经济成本的制约，监测频次不可能无限制增加，用单次或某几次的瞬时值推算污染源一个季度甚至一年的污染物排放量，可能会存在较大误差；目前监测数据类型繁多，不同的监测数据，因其监测目的、监测方法、监测工况、监测时间等的不同，监测结果相差较大，因此根据监测结果核算的污染物产排量也会相差很大；在目前的监测技术水平下，监测因子浓度值的测量基本达到管理需求，但与核算有关的废气（水）的流量监测仍存在较大问题；监测部门更重视企业排污口的监测，对进口的监测开展较少，不易通过进口监测数据核算污染物产生量等。因此，目前环境统计仅有部分监测数据比较规范的大型企业使用监测数据法核算污染物的产排量。

（2）产排污系数法

产排污系数法是依据调查对象的产品或能源消耗情况，根据产排污系数，计算污染物产生量和排放量。

我国最早的、较为系统的产排污系数手册是由原国家环境保护局科技标准司于 1996 年出版的《工业污染物产生和排放系数手册》。该手册分三部分：一是工业污染源产排污系数，包括有色金属工业、轻工、电力、纺织、化工、钢铁和建材 7 个工业行业；二是主要燃煤设备的产排污系数，包括工业锅炉、茶浴炉、食堂大灶等；三是乡镇工业污染物排放系数。该手册中提供的产排污系数早已成为环境规划、环境统计、环境监测和监督、排污收费、排污申报登记以及生产过程的污染控制等领域的重要基础数据。随着我国经济和技术水平的飞速发展，原有的产排污系数已经严重失真。2006 年 10 月，随着国务院下发《关于开展第一次全国污染源普查工作的通知》，产排污系数才再一次得以系统化开发。产排污系数法是第一次全国污染源普查的重要核算方法之一，根据普查的范围和要求，产排污系数涵盖了工业源、生活源和集中式污染治理设施三大类的空气污染物、水污染物、固体废物共 28 种污染物指标。其中，工业源产排污系数包括《国民经济行业分类》第二产业中（除建筑业）32 个大类行业 351 个小类行业共计 10 504 个产污系数和 12 891 个排污系数；生活源和集中式污染治理设施的产排污系数包括城镇居民生活源、住宿餐饮业、居民服务与其他服务业和医院四大类的产排污系数共计 2 397 个，其中，污水处理厂污泥产排污系数 135 个、城镇生活垃圾集中式处理设施污染物产排污系数 1 064 个、危险废物集中式处理设施污染物产排污系数 328 个。

产污系数是指在典型工况下，生产单位产品（使用单位原料）所产生的污染物量；排污系数是指在典型工况下，生产单位产品（使用单位原料）所产生的污染物量经末端治理设施削减后的残余量，或生产单位产品（使用单位原料）直接排放到环境中的污染物量。当污染物直接排放时，排污系数与产污系数相同。使用时，应先根据不同的产品、原材料、工艺和规模（即“四同”组合），确定某一产品其污染物的产生系数，再根据污染物的末端处理工艺，来确定其排污系数。其计算公式如下

$$G_i=\sum K_{ij}\times W_j \tag{6-2}$$

式中，G_i——i 污染物的年产生（排放）量，kg/a；

K_{ij}——第 j 种主要产品 i 污染物的产生（排放）系数，kg/t；

W——第 j 种主要产品的年产量，t/a。

产排污系数法的主要特点有：

①简单易懂，方便使用。产排污系数法简单来讲即单位产品产生或排放的污染物量，在获知某企业产品、燃料消耗等经济活动水平参数后，即可代入公式计算。便于操作人员熟悉与掌握，不易产生人为操作误差。

②使用条件较低，应用广泛。产排污系数法使用条件相对较低，只要是在产排污系数手册中具有的系数，即可核算。甚至在产排污系数手册中不具备系数的行业企业，通过类比其相近行业，也可获取产排污系数。因此，产排污系数法是环境统计中使用最为广泛的方法。在监测数据频次不足和需要计算较长时段排放量时，产排污系数法的优势极为突出，可以简单有效地得到工业污染源排放核算结果。

③覆盖面广，有利于环境统计数据的顺利采集。目前，环保部门广泛使用的《第一次全国污染源普查产排污系数手册》中的产排污系数涵盖了有污染排放的小类工业行业 90% 以上，加上产排污系数简单易懂，所以为涉及 39 个大类工业行业、800 多个小类工业行业企业数据的顺利采集提供了保证。

但由于服务对象千差万别、生产和治污工艺快速更新等原因，工业源产排污系数也存在许多不足：

①部分工业行业产排污系数缺失。部分重污染行业的重要污染物缺乏产排污系数；某些行业的特征污染物或一些新兴污染物没有产排污系数。

②部分工业行业产排污系数与实际偏差较大。部分行业的重点污染物产排污系数与企业的实际污染物产生和排放情况偏差较大，需重新修订。

③亟需补充新工艺、新技术的产排污系数。随着我国经济的快速增长和行业技术水平的提高，原有的产排污系数已不能体现这种新变化，需要在现有基础上对这些新工艺、新技术的产排污系数进行更新和补充，以适应新时期环保工作的需求。

④“唯一”的产排污系数无法充分反映企业的个体差异。产排污系数只能代表各行业

产排污量的平均水平，而企业的情况往往千差万别，因此，唯一的产排污系数可能会带来“四同”条件下微观企业产排污数据的较大偏差。

⑤污染治理设施的实际处理效果无法在排污系数中体现。系数手册中部分行业的排污系数是按污染治理措施常年稳定运行的理想状态核算的，但污染治理措施实际去除效率是否常年稳定、真正的投运率对排污量有较大影响，而部分企业在选择排污系数时往往选择最好的污染治理措施对应的最小排污系数，机械地套用系数核算，缺少现场核查，核算结果与实际情况就会产生较大偏离。

⑥产排污系数本身还存在许多需要进一步完善的地方。如既涉及六价铬又涉及总铬的指标，在涉及六价铬的行业中只有部分行业提供了总铬的系数，因此导致了区域的六价铬排放量可能高于总铬；部分行业废气（废水）的产生系数小于排放系数，导致出现废气（废水）的产生量小于排放量的逻辑错误等。

（3）物料衡算法

物料衡算法是指根据物质质量守衡原理，对生产过程中使用的物料变化情况进行定量分析的一种方法。运用物料衡算法进行污染物产排量核算，是将工业污染源的排放、生产工艺管理、资源（原材料、水、能源）综合利用和环境治理结合起来，系统全面地研究生产过程中污染物产生、排放的一种定量分析方法。其计算通式如下

$$\sum G_{\text{投入}}=\sum G_{\text{产品}}+\sum G_{\text{流失}} \tag{6-3}$$

式中，$\sum G_{\text{投入}}$——投入系统的物料总量；

$\sum G_{\text{产品}}$——产出的产品量；

$\sum G_{\text{流失}}$——物料流失量。

当投入的物料在生产过程中发生化学反应时，可按下列总量法公式进行衡算

$$\sum G_{\text{排放}}=\sum G_{\text{投入}}-\sum G_{\text{回收}}-\sum G_{\text{处理}}-\sum G_{\text{转化}}-\sum G_{\text{产品}} \tag{6-4}$$

式中，$\sum G_{\text{排放}}$——某污染物的排放量；

$\sum G_{\text{回收}}$——进入回收产品中的某污染物总量；

$\sum G_{\text{处理}}$——经净化处理掉的某污染物总量；

$\sum G_{\text{转化}}$——生产过程中被分解、转化的某污染物总量。

采用物料衡算法核算污染物产生量和排放量时，应对企业生产工艺流程和能源、水、物料的投入、使用、消耗情况进行充分的调查和了解，从物料平衡分析着手，对企业的原材料、辅料、能源、水的消耗量和生产工艺过程进行综合分析，使测算出来的污染物产生量和排放量能比较真实地反映企业生产过程中的实际情况。

物料衡算可以按需要，围绕整个生产过程或生产过程的某一部分、单元操作、反应过程、设备的某一部分或设备的微分单元进行。这种为进行物料衡算所取的生产过程中某一空间范围称为控制体。为进行物料衡算，首先按分析的需要划定控制体，再选定衡算的物料质量基准。对于间歇操作通常取一批原料或单位原料，对于连续操作通常取单位时间处理的物料量。

物料衡算的步骤有：①作控制体的流程图，给出物流编号。根据选取的衡算物料质量基准，在图上注明各已知的物料质量和组成，给待求未知量标以相应的符号。②列出各独立方程，校核独立方程数目是否与未知量数目相等。③解方程组求出各未知量。如果参与过程的物料中，有一个或数个组分（或元素）的质量在进料和某个出料中不发生变化，则

这种组分称为联系物或惰性组分。找出过程中的联系物，可使物料衡算变得较为方便。

综上所述，采用物料衡算法核算污染物产生量和排放量时工作量较大，计算过程十分繁琐，还需要考虑到每一个细微环节，只有对各行业的生产工艺十分了解的专业人员才能熟知生产工艺过程中每个环节的物料投入和产出，才能利用物料衡算法准确地核算出污染物的产排量。因此实际操作过程中，由于专业知识有限，且生产过程中的物料损耗、污染物的无组织排放等因素无法准确估算，物料衡算法在环境统计中的使用范围十分有限。

6.1.1.2　三种核算方法的选用原则

①工业锅炉、钢铁行业中烧结工序和炼油的二氧化硫产生量、排放量优先采用物料衡算法（硫平衡）核算。

因为工业锅炉、钢铁行业中烧结工序、炼油工序等行业燃料或原料等活动水平参数容易获得且数据质量较高，燃料或原料中的硫元素含量及其转化情况较为明确，故根据质量守恒原理，通过硫平衡的计算，即可核算出燃料或原料中转化而成的二氧化硫，因此使用物料衡算法具有独一无二的优势，且准确度较高。

工业锅炉二氧化硫产生量指燃料消耗产生的硫，通过燃料消耗量、燃料含硫率与硫的转化率等参数计算得出；二氧化硫排放量指经烟气排放的硫，通过二氧化硫产生量与脱硫设施综合脱硫效率等参数计算得出。

钢铁行业中烧结工序、炼油二氧化硫产生量包括原料和燃料消耗产生的硫。原料带入的硫通过原料消耗量和原料含硫率等参数计算得出，二氧化硫排放量指经排气筒排放的硫，不包括进入产品的硫，通过硫总量扣除产品、固体废物等的硫计算得出。燃料消耗的二氧化硫产生量和排放量参照工业锅炉核算。

②除上述特定行业特定污染物外的行业企业，符合以下监测数据有效性认定要求的，通过监测数据法核算污染物产生量、排放量。

采用监测数据法核算污染物产排量的，须提供符合以下有效性认定要求的全部监测数据台账，与报表同时报送环境统计部门，以备数据审核使用。

若进口或出口监测数据不符合有效性认定要求，可选用其他核算方法，污染物产生量与排放量允许使用不同的核算方法。

A. 监测数据有效性认定要求：

a. 监督性监测数据。

监督性监测数据指调查年度内由县（区）及以上环保部门按照监测技术规范要求进行监督性监测得到的数据。实际监测时企业的生产工况符合相关监测技术规定要求，废水（气）污染物年监测频次达到 4 次以上；并且至少每季度 1 次。季节性生产企业，在监测期内有 4 次监测数据，或每月监测 1 次。废气监测因子至少包含废气流量、二氧化硫（氮氧化物）数据。若废水流量无法监测，可使用企业安装的流量计数据，或通过水平衡核算废水排放量。

b. 自动在线监测数据。

自动在线监测数据指调查年度全年通过《国家重点监控企业污染源自动监测数据有效性审核办法》（环发〔2009〕88 号）有效性审核，且保留全年历史数据的自动在线监测数据，可用于污染物产生量、排放量核算。

c. 验收监测数据。

验收监测数据指调查年度内由省级及以上环保部门对新改建项目、限期治理项目进行验收监测得到的数据，并且验收后企业的生产产品、生产工艺、生产规模和治污设施没有发生明显变化且运行状况良好。

B. 监测数据使用原则：

按照以下优先顺序使用监测数据核算污染物产生量、排放量：通过有效性审核的自动在线监测数据、监督性监测数据、验收监测数据。

C. 产、排污量的计算原则：

a. 对有多次监测数据的，用浓度平均值来核算污染物排放量；对于废水污染物产排污量，有累计流量计的可按废水流量加权平均浓度和年累计废水流量计算得出；没有累计流量计的，按监测的瞬时排放量（均值）和年生产时间进行核算；没有监测废水流量而有废水污染物监测的，可按水平衡测算出的废水排放量和平均浓度进行核算。对于废气污染物产排污量通过监测的瞬时排放量（均值）和年生产时间进行核算；多次监测数据中有未检出的，视作异常值剔除后再计算平均值。

b. 根据“工业企业污染物排放量计算方法”，使用有效性自动在线监测数据时，可以暂不考虑工况；其他监测数据必须考虑监测时的工况，并根据工况折算污染物排放量，以废水污染物排放量计算为例。

$$P=\left(C\times Q\times\frac{1}{F}\times T\right)\times G\times\frac{1}{1\,000} \tag{6-5}$$

式中，P——计算时段内某污染物排放量，kg；

C——某污染物监测当日平均质量浓度，mg/L；

Q——监测当日废水排放量，m^3/d；

F——监测当日生产负荷，%；

T——计算时段内对应的企业生产天数，d；

G——计算时段内企业平均生产负荷，%。

c. 对于季节性生产等全年非连续正常生产的企业，若使用瞬时流量与监测浓度核算时，需根据当年实际生产时间确定年排污量；若使用生产时间内的累计流量，则在考虑工况的情况下用累计流量与平均浓度核算即可。

d. 原则上规定调查对象必须使用调查年度当年的监测数据来核算污染排放。对于有多年监测数据的企业，若产能、治污设施没有明显变化，监测数据突变，可用历史监测数据来校核，利于查找原因，排除异常值。

③除①、②两种情况外，污染物产生量、排放量可根据产排污系数法核算。

产排污系数使用技术要求如下：

A. 参考重新调整、修订的第一次全国污染源普查《产排污系数手册》。

B. 根据产品、生产过程中产排污的主导生产工艺、技术水平、规模等，选用相对应的产排污系数，结合本企业原、辅材料消耗、生产管理水平、污染治理设施运行情况，确定产排污系数的具体取值，依据本企业调查年度的实际产量，核算产、排污量。

C. 《产排污系数手册》中没有涉及的行业，可根据企业生产采用的主导工艺、原辅材料，类比采用相近行业的产排污系数进行核算。

D. 企业生产工艺、规模、产品或原料、污染治理工艺等确实与系数手册所列不能吻合的，或系数手册中没有覆盖的行业且又无法类比的，各地可根据当地企业已有监测数据或其他可靠资料，核算出相应的系数，将系数及核算方法报环境保护部备案后，使用该系数及核算方法核算污染物产生、排放量。

④现有企业用监测数据法核算污染物产生、排放量的，须与产排污系数法进行校核。两种方法核算结果偏差大于 30%的，须延用 2010 年污染源普查动态更新减排基数库中采用的核算方法。

6.1.1.3　非重点调查工业源污染核算方法

以地市级行政单位为基本单元，根据重点调查企业汇总后的实际情况，估算非重点调查单位的相关数据，并将估算数据分解到所辖各区县，各区县根据分解得到的数据填报非重点调查工业污染排放及处理利用情况表。

可采用的估算方法主要有以下 3 种，由地市根据实际情况灵活选用：

①排放系数法。结合非重点调查单位的产品、产量等数据，运用排放系数法计算得出非重点调查单位的排污量数据。同时，使用非重点调查单位的排污量占总排污量的比例进行审核，并酌情修正数据。

②比率估算法。当无法使用产品、产量等数据进行估算时，按重点调查单位排污量变化的趋势，等比或将比率略做调整，估算出调查年度非重点调查单位的排污量。

③总量估算法。参照辖区内当年人口数量、GDP 或工业增加值、能源消费量等数据的变化情况核定的排污总量，调整统计调查年度非重点调查单位的排污量。

6.1.2　农业源

6.1.2.1　畜禽养殖业

（1）畜禽养殖业产排污系数体系

在第一次全国污染源普查工作的基础上，经广泛调研、深入分析各类畜禽的产排污特点，结合 2010 年污染源普查动态更新结果，目前环境统计中畜禽养殖业的产排污系数体系的特点为：根据我国畜禽养殖规模及畜禽产排污差异，形成“一猪、二鸡（肉鸡、蛋鸡）、二牛（牛肉、奶牛）”的产排污系数体系；为了与国家统计资料相衔接，充分利用已有数据库，以便及时、准确核算产污量，经对现有农业统计资料研究发现，畜禽养殖业统计基本统计量主要有出栏量（猪、肉牛、肉鸡）、存栏量（奶牛、蛋鸡）和产品产量（肉、蛋、奶）3 个统计基量，因此以出栏量、存栏量为统计基量进行核算。

1）畜禽养殖业产污系数体系

畜禽养殖业产污系数与养殖水平和管理水平有一定的相关性，而养殖水平与管理水平受养殖规模影响，养殖规模越大管理水平越高，产污系数越小，但在一定范围内各种规模养殖场基本全部存在。为简化核算，全国采用统一的产污系数。

生猪按出栏量将保育段和育肥段按平均养殖时间（保育段按 65 天、育肥段按 70 天）汇总为出栏一头生猪的产污系数；母猪按存栏量给出产污系数，仔猪产污合并至母猪中（按 1 头母猪年产仔猪 20 只计算）

母猪产污系数=日产污系数×365 天+仔猪产污系数×20 只

生猪产污系数=育肥猪日产污系数×70 天+保育猪日产污系数×65 天+母猪年产污系数/20 只

肉鸡按出栏一只鸡计算产污系数，肉鸡平均养殖时间按 52 天计算（养殖时间变化较大，最短的 32 天，最长的 110 天）

肉鸡产污系数=肉鸡日产污系数×52 天

蛋鸡按存栏量计算产污系数，育雏鸡、产蛋鸡按比例折算（按育雏鸡占 15%的比例，产蛋鸡占 85%的比例）

蛋鸡产污系数=（育雏鸡日产污系数×15%+产蛋鸡日产污系数×85%）×365 天

肉牛按出栏一头牛计算产污系数，肉牛的养殖周期按 660 天计算

肉牛产污系数=肉牛日产污系数×660 天

奶牛按存栏量计算产污系数，育成牛、产奶牛按比例折算（按育成牛占 35%的比例，产奶牛占 65%的比例）

奶牛产污系数=（育成牛日产污系数×35%+产奶牛产污系数×65%）×365 天

在第一次全国污染源普查基础上，结合 2010 年污染源普查动态更新、部分实测结果，得出各类畜禽产污系数，按整合原则得出全国畜禽养殖产污系数（表 6-1）。

表 6-1　全国畜禽养殖业平均产污系数

品种	COD	TN	TP	氨氮	备注
猪/[kg/只・a）]	36	3.7	0.56	1.80	出栏量
奶牛/[kg/（只・a）]	2 131	105.8	16.73	2.85	存栏量
肉牛/[kg/（只・a）]	1 782	70.8	8.96	2.52	出栏量
蛋鸡/[kg/（只・a）]	4.75	0.5	0.12	0.10	存栏量
肉鸡/[kg/只・a）]	1.42	0.06	0.02	0.02	出栏量

2）畜禽养殖业排污系数体系

根据畜禽养殖业的区域特征，形成以典型畜禽养殖业污染处理、利用削减量为基础的排污系数体系。

排污系数=产污系数–产污系数×削减率

对各地区养殖情况的调查和分析发现，在一定地区内养殖污染物处理利用方式和处理水平有较大的相似性，由此总结出全国畜禽养殖业污染处理、利用削减主要方式有：干清粪、水冲粪（水泡粪）、垫草垫料（生物发酵床）3 种清粪方式；直接农业利用（还田、水产养殖、种植食用菌）、生产有机肥、生产沼气、无处理 4 种畜禽粪便处理方式；直接农业利用（还田、水产养殖）、厌氧处理、厌氧处理+农业利用、厌氧处理+好氧处理、厌氧处理+好氧处理+深度处理、无处理 6 种畜禽养殖尿液/污水处理方式。

对实测结果统计分析发现，影响各种畜禽废物处理设施污染物去除率的主要因素有：畜禽养殖排污系数与地区污染处理水平相关，而污染处理水平在一定地区内有相似性；畜禽粪便利用效果受降雨量影响较大，降雨量大的地区畜禽粪便利用流失率较高；尿液/污水处理效果则受温度影响较大，温度高的地区污水处理效果较好；畜禽废弃物农业利用受种植特点、降雨量、土壤类型、地下水位等影响较大。

因此通过单个治理设施对污染物去除率实测和综合分析可得出各地区主要污染处理设施削减率，见表 6-2。

表 6-2　畜禽养殖业 COD 削减率

养殖方式	削减率	粪便利用方式	削减率	尿液/污水处理方式	削减比例
垫草垫料	50.00%	直接农业利用	25%	—	—
		生产有机肥	40%	—	—
		无处理	0	—	—
干清粪	0	直接农业利用	20%	直接农业利用	15%
		生产有机肥	55%	厌氧处理	30%
		生产沼气	50%	厌氧处理+农业利用	32%
		无处理	0	厌氧处理+好氧处理	33%
		—	—	厌氧处理+好氧处理+深度处理	35%
		—	—	无处理	0
水冲粪	0	直接农业利用	15%	直接农业利用	15%
		粪生产有机肥	45%	厌氧处理	30%
		粪生产沼气	40%	厌氧处理+农业利用	33%
		无处理	0	厌氧处理+好氧处理	35%
		—	—	厌氧处理+好氧处理+深度处理	40%
		—	—	无处理	0

（2）污染核算方法

1）规模化畜禽养殖场/小区逐家发表调查情况

污染物的产生量采用产污系数法计算。根据畜禽养殖量（生猪以出栏量、肉牛以出栏量、奶牛以存栏量、肉鸡以出栏量、蛋鸡以存栏量）与产污系数两者相乘，得出产污量。

$$产污量=养殖量（出栏量、存栏量）\times 产污系数$$

污染物的排放量按照产生量减去削减量的基本思路进行计算。其中，削减量采用“组合累积扣减比例”法计算。根据发放调查表或减排核查确定的各种养殖清粪方式、粪便利用方式、尿液/污水处理方式的比例及去除率，计算出削减率。

$$排放量=产生量-削减量$$

2）以县（区）为基本单位畜禽养殖调查情况

污染物产生量：根据饲养量和产污系数估算。

污染物排放量：规模化养殖场/小区的化学需氧量和氨氮排放量根据产生量、减排核定去除率、上年平均去除率估算；总磷、总氮根据产生量、发表调查所得平均去除率估算。养殖专业户主要污染物排放量根据养殖量和平均排污强度估算。

养殖专业户产污量核算方式与规模化养殖场相同，养殖专业户产污系数与规模化养殖场、养殖小区系数相同

$$产污量=养殖量\times 产污系数$$

养殖专业户排污量按排污强度进行核算，即按行政区核算出单位畜禽（猪出栏量、肉牛出栏量、肉鸡出栏量、奶牛存栏量、蛋鸡存栏量）排污强度，根据排污强度与养殖量进行核算。养殖专业户排污强度由产污量减去削减量获取，按照污染源减排核查地方核定的排污强度计算。

排污量=养殖量×排污强度

排污强度=单位产污量-单位削减量=产污系数×（1-削减比例）

6.1.2.2 种植业

种植业调查口径与 2007 年第一次全国污染源普查保持一致，原则上不考虑新增排放量与新的削减情况，排放量数据与第一次全国污染源普查数据保持一致。

6.1.2.3 水产养殖业

水产养殖业调查口径以 2010 年污染源普查动态更新调查为基础，扣减污染减排核查中核定的减排量。水产养殖业排放量计算公式为

$$E_{水产}=E_{2010水产}\times(1-A_{减少}/A_{2010}) \tag{6-6}$$

式中，$E_{水产}$——水产养殖业污染排放量，t；

$E_{2010水产}$——2010 年污染源普查动态更新水产养殖污染排放量，t；

$A_{减少}$——2011 年水产围网养殖减少面积，亩；

A_{2010}——2010 年污染源普查动态更新水产养殖面积，亩。

6.1.3 城镇生活源

6.1.3.1 生活污水排放量

如果辖区内的城镇污水处理厂未安装再生水回用系统，无再生水利用量，则

城镇生活污水排放量=城镇生活污水排放系数×城镇人口数×365

反之，辖区内的城镇污水处理厂配备再生水回用系统，再生水利用量经污染减排核查核定，则

城镇生活污水排放量=城镇生活污水排放系数×城镇人口数×365–城镇污水处理厂再生水利用量（污染减排核定量）

其中，城镇生活污水排放系数指城镇居民每人每天排放生活污水的数量。生活污水排放系数测算公式为

城镇生活污水排放系数=人均日生活用水量×用排水折算系数

人均日生活用水量采用城市供水管理部门的统计数据（见各地区统计年鉴）。用排水折算系数可采用城市供水管理部门和市政管理部门的统计数据计算，一般为 0.8～0.9。

6.1.3.2 生活污水污染物产排量

（1）生活污水污染物产生量

生活污水污染物产生量是指各类生活源从贮存场所排入市政管道、排污沟渠和周边环境的量。

生活污水污染物产生量按照城镇人口与人均产污强度计算。

城镇居民人均产污强度包括第一次全国污染源普查核算的城镇居民生活排污系数和服务业污水污染物排放人均核算系数（由第一次全国污染源普查数据计算得出，并适当调整）。服务业污染物排放人均核算系数为污染源普查中住宿业与餐饮业、居民服务和其他服务业、医院污水污染物从贮存场所的排放量与城镇人口之比。

（2）生活化学需氧量（氨氮）排放量

生活化学需氧量（氨氮）排放量是指最终排入环境的生活化学需氧量（氨氮）的量，即生活化学需氧量（氨氮）产生量扣减经集中污水处理厂处理生活污水去除化学需氧量（氨

氮）的量

生活化学需氧量（氨氮）排放量＝生活化学需氧量（氨氮）产生量-生活化学需氧量（氨氮）去除量

生活化学需氧量（氨氮）去除量＝上年生活化学需氧量（氨氮）去除量+核定新增生活化学需氧量（氨氮）去除量

上年生活化学需氧量（氨氮）去除量、核定新增生活化学需氧量（氨氮）去除量均为污染减排核查核定数据。其中，生活污染物核定新增去除量应与污水处理厂汇总表中对应指标数据一致。

6.1.3.3　生活废气污染物排放量

（1）生活燃煤二氧化硫排放量采用物料衡算法进行核算

生活燃煤二氧化硫排放量=生活煤炭消费量×含硫率×0.85×2

天然气燃烧产生的二氧化硫排放量忽略不计。

（2）生活源氮氧化物排放量

采用排放系数法测算，1 t 煤炭氮氧化物产生量为 1.6~2.6 kg，平均可取 2 kg；1 万 m^3 天然气氮氧化物产生量为 8 kg。

（3）生活燃煤烟尘排放量

①供热锅炉房燃煤的烟尘排放量，按照工业锅炉燃煤排放烟尘的计算方法和排放系数计算；

②居民生活及社会生活用煤的烟尘排放量，按照燃用的民用型煤和原煤，分别采用不同的计算系数：

民用型煤的烟尘排放量，以每吨型煤排放 1～2 kg 烟尘量计算，计算公式为

烟尘排放量（t）=型煤消费量（t）×（1～2）‰

原煤的烟尘排放量，以每吨原煤排放 8～10 kg 烟尘量计算，计算公式为

烟尘排放量（t）=原煤消费量（t）×（8～10）‰

6.1.4　机动车

6.1.4.1　污染物排放量核算原理

机动车污染物包括 CO、HC、NO_x 和颗粒物 4 类。机动车污染物排放量测算方法来源于全国第一次污染源普查任务中的机动车污染源测算工作。计算公式为

排放量 ＝ 保有量×排放系数

＝ 保有量×综合排放因子×年均行驶里程

（1）保有量统计

机动车的调查范围包括汽车、摩托车和低速载货汽车，共三大类。机动车划分为 12 类，细分为 34 小类，包括出租车和公交车。燃料类型包括汽油、柴油和燃气 3 类。排放标准涉及国 0、国 I、国 II、国 III 和国 IV 标准 5 个阶段。

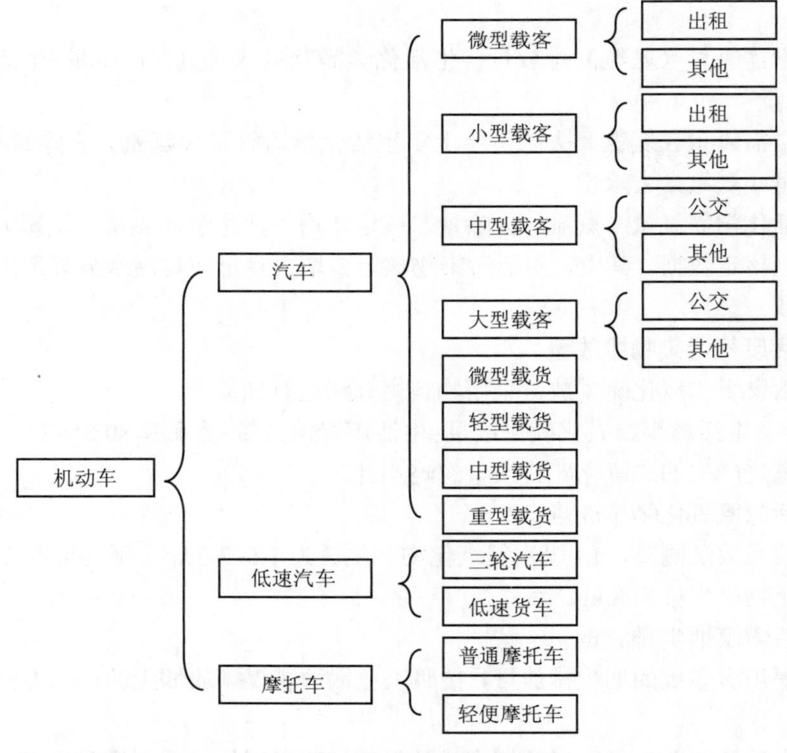

图 6-2 机动车分类体系

1）载客汽车

①大型载客车：车长大于等于 6 m 或者乘坐人数大于等于 20 人的载客汽车；②中型载客车：车长小于 6 m 且乘坐人数为 10~19 人的载客汽车；③小型载客车：车长小于 6 m 且乘坐人数小于等于 9 人的载客汽车，但不含微型载客汽车；④微型载客车：车长小于等于 3.5 m 且发动机气缸总排量小于等于 1 000 mL 的载客汽车。

2）载货汽车

①重型载货车：总质量大于等于 12 t 的载货汽车；②中型载货车：车长大于等于 6 m 或者总质量大于等于 4.5 t 且小于 12 t 的载货汽车；③小型载货车：车长小于 6 m 且总质量小于 4.5 t 的载货汽车，但不含微型载货汽车；④微型载货车：车长小于等于 3.5 m 且总质量小于等于 1.8 t 的载货汽车。

3）低速载货汽车

①三轮汽车：以柴油车为动力，最大设计车速小于等于 50 km/h，总质量小于等于 2 t，长小于等于 4.6 m，宽小于等于 1.6 m，高小于等于 2 m，具有 3 个车轮的货车。其中，采用方向盘转向、由传递轴传递动力、有驾驶室且驾驶人座椅后有物品放置空间的，总质量小于等于 3 t，车长小于等于 5.2 m，宽小于等于 1.8 m，高小于等于 2.2 m；②低速货车：以柴油车为动力，最大设计车速小于 70 km/h，总质量小于等于 4.5 t，长小于等于 6 m，宽小于等于 2 m，高小于等于 2.5 m，具有 4 个车轮的货车。

4）摩托车

①普通摩托车：无论采用何种驱动方式，最高设计车速大于 50 km/h，或若使用内燃

机，其排量大于 50 mL 的两轮或三轮车辆，包括两轮摩托车、边三轮摩托车和正三轮摩托车（边三轮、正三轮摩托车可合称为三轮摩托车）；②轻便摩托车：无论采用何种驱动方式，最高设计车速不大于 50 km/h，或若使用内燃机，其排量不大于 50 mL 的两轮或三轮车辆，包括两轮轻便摩托车、三轮轻便摩托车，但不包括最高设计车速不大于 20 km/h 的电驱动的两轮车辆。

（2）排放系数测算

1）机动车综合排放因子测算

机动车综合排放因子的定义为某一类型机动车单车行驶单位距离排放污染物的质量，单位为 g/（km•辆）。其中，基本排放因子指新车使用后经正常劣化的实际排放状况，排放修正因子指表征不同类型车辆污染物排放受工况速度、环境参数、燃料特性等因素影响的参数。机动车综合排放因子用下式表示

$$EF=BEF\times SCF\times TCF\times LCF\times FCF$$

式中，EF 为综合排放因子，BEF 为基本排放因子，TCF、SCF、FCF 和 LCF 分别为温度、工况速度、燃料和负载等修正因子。

2）机动车年均行驶里程调查

机动车年均行驶里程是某类型机动车在调查基准年行驶的平均里程数。机动车年均行驶里程结果直接影响机动车移动源的污染物排放量，对机动车污染物排放准确化具有相当重要的作用。

为了计算污染物排放系数，需要提供对应于机动车排放因子分类的年均行驶里程。调查时空间分布上要求能够覆盖全国 300 余个地级市，时间上要求针对不同类型的车辆充分考虑其车龄与年均行驶里程的变化关系，对于变化明显、影响比较大的车型，以行驶里程为因变量，以使用年限为自变量按分类的不同车型进行回归，以回归曲线代表机动车逐年的累积行驶里程。

6.1.4.2　污染物排放量核算方法

为了简化核算过程，并体现各地对机动车的污染治理政策，“十二五”期间机动车污染物排放量的核算方法有所变化，遵照“遵循基数、算清增量、核实减量”的核算原则进行，基本思路如下（图 6-3）

污染物排放量=上年排放量+新增排放量-新增削减量

式中，新增排放量指由于新注册车辆数、转入车辆数导致的新增废气污染物排放量；新增削减量指由于注销车辆数、转出车辆数、车用油品升级、加强机动车管理导致的新增废气污染物削减量。即

调查年度机动车污染排放量=机动车保有量导致的排放量–减排措施削减量

排放系数为 2010 年机动车年排放强度，是基于 2010 年平均行驶里程数、单位行驶里程排放量测算的，不代表油品升级、交通限行等手段的排放水平。

机动车保有量导致的排放量=上年机动车保有量导致的排放量+由于机动车保有量变化导致的污染物排放量变化

=上年机动车保有量导致的排放量+（新注册车辆数+转入车辆数–注销车辆数–转出车辆数）导致的污染物排放量变化

减排措施削减量=上年措施削减量+当年新增削减量。其中，减排措施包括车用油品升

级、加强机动车管理等措施。

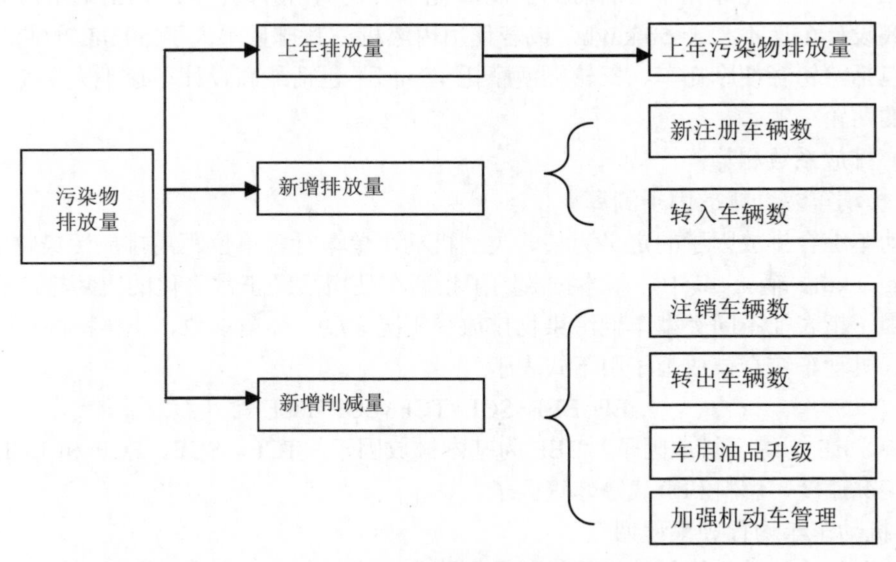

图 6-3 机动车污染物核算思路

6.1.5 集中式污染治理设施

集中式污染治理设施二次污染的污染物产生、排放量主要采用实际监测法和产排污系数法核算（核算方法使用要求同工业源）。其中，污水处理厂污泥、废物焚烧残渣可按运行管理的统计报表填报。

6.2 数据审核方法

6.2.1 数据审核的组织和实施

环境统计数据审核工作由各级环境统计行政主管部门牵头组织实施，并对本级环境统计数据质量负责。环境统计行政主管部门按需要邀请有关单位和专家，分工协作，采用联合汇审的方式开展审核。数据审核采取自审和汇审相结合、现场审核和资料审核相结合、“自下而上”和“自上而下”相结合的方式进行。自审的重点是数据的真实性和填报的完整性，汇审的重点是数据的合理性和填报的规范性。现场审核的重点是填报数据与实际情况的一致性，资料审核的重点是数据基础报表与汇总表的完整性和准确性。

6.2.2 各级环境统计部门审核要点

环境统计数据审核按照环境统计被调查单位自审、各级地方政府环境保护行政主管部门逐级审核、国家环境保护行政主管部门最终汇审的程序进行。上级环境保护行政主管部门在数据审核过程中发现的问题应及时反馈给下级环境保护行政主管部门，并限期整改。下级环境保护行政主管部门收到反馈意见后，应积极核实，在规定时间内重新上报。

6.2.2.1　重点调查单位

被调查单位应按要求如实填报相应的环境统计报表并开展自审，填报过程中如出现疑问应与环保部门的环境统计人员随时联系，待所有问题确定后再上报区县级环境保护行政主管部门，同时备案留存。

企业的自审要点有：①企业的名称、组织机构代码、行业代码、所在流域等基本信息是否符合规范；②企业的产值、产品、原辅材料、能耗、水耗等是否符合当年企业的生产实际；③企业应填的报表和指标是否均填报完整，各指标的单位是否填报准确；④企业是否按照环境统计技术规定的要求，采用最合理的方法核算污染物产生和排放情况，尤其是产排污系数的选取是否正确、监测数据的运用是否有效等；⑤企业的污染治理设施情况是否与日常运行维护记录相匹配。

6.2.2.2　区县级环境统计部门

区县级环境统计部门应按要求如实填报有关区县级报表，建立基础台账，并组织力量对被调查单位有关报表数据展开审核，审核重点为被调查单位数据填报的完整性和规范性、数据录入和汇总的准确性、数据的逻辑性和合理性，数据全部核实后上报地市级环境保护行政主管部门。

区县级环境统计部门的审核要点有：①调查范围的完整性。审核是否所有符合重点调查条件的企业均纳入了环境统计调查范围。纳入符合重点调查条件的新改扩建企业，并删除所有已关闭企业；②规范性。指导企业采用最新的电子表格填报环境统计数据，确保辖区内所有企业的基表均能通过环境统计软件中设置的全部强制性逻辑审核关系；③突变性。审核辖区内主要指标的汇总结果与上年相比变化率是否在合理范围内。区县级由于辖区范围较小，企业增删相对频繁，年度间突变范围可稍大，应根据实际情况判断是否合理。

6.2.2.3　地市级环境统计部门

地市级环境统计部门应按要求如实填报有关报表，并组织力量对区县级环境统计报表数据展开审核，审核重点为被调查单位的生产工艺、能耗、物耗、产品产量、生产工况、监测数据、产排污系数等，系统审核上报数据的完整性、规范性、逻辑性、合理性和一致性。数据全部核实后上报省级环境保护行政主管部门。

地市级环境统计部门的审核要点有：①完整性。审核辖区内所有区县的相关报表是否均上报完整，尤其是农业源和城镇生活源；②突变性。审核辖区内主要指标的汇总结果与上年相比，变化率是否在合理范围内。若增长过快应审核是否有异常值，若下降过快应审核基表是否填报完整；③异常值筛查。将主要指标进行排序，审核是否有异常值，并追溯到基表；④一致性。审核区域（工业源、农业源、城镇生活源、机动车、集中式污染治理设施）、重点行业（火电、水泥、钢铁、造纸、印染）的企业四项主要污染物是否与省级总量部门反馈的数据相匹配，并指导区县修正相应数据。⑤逻辑性。审核重要综表指标之间、不同报表相关指标之间的逻辑关系和变化趋势是否合理，并追溯到基表。

6.2.2.4　省级环境统计部门

省级环境统计部门应积极组织力量，联合污防、总量、环评、监测、监察等部门对地市级环境统计报表数据展开审核，根据辖区内经济发展和总量减排核查核定情况，对照产业结构、主要工业产品产量、能源消耗情况、重点行业发展趋势、人口等社会经济数据，宏观把握辖区内环境统计数据。数据全部核实后上报国家环境保护行政主管部门。

省级环境统计部门的审核要点有：①完整性。审核是否辖区内所有地市和区县的相关报表均上报完整，审核综表的重要指标是否填报完整。②突变性。审核辖区内主要指标的汇总结果与上年相比，变化率是否在合理范围内。若增长过快应审核是否有异常值，若下降过快应审核是否有降幅较大的地市和区县，并追溯到基表；③异常值筛查。对主要指标进行排序，审核是否有异常值，并追溯到基表；④一致性。对区域（工业源、农业源、城镇生活源、机动车、集中式污染治理设施）、重点行业（火电、水泥、钢铁、造纸、印染），并抽查部分企业，审核其四项主要污染物是否与环保部总量部门反馈的数据相匹配，并指导地市和区县修正相应数据。⑤逻辑性。审核重要综表指标及其衍生指标（如平均排放浓度、产排污强度、单位处理/去除成本、污染物去除率、固废/危废综合利用率/处置率等）、不同报表相关指标之间的逻辑关系是否合理，并追溯到基表。⑥合理性。对照社会经济数据，宏观审核环境统计数据是否合理。如对照产业结构、历史数据审核行业结构是否合理。对照统计、农业部门数据，审核发电量、纸浆/机制纸及纸板产量、粗钢/生铁产量、水泥产量等产品产量数据，能源消费量，煤质数据（硫分、灰分、挥发分），城镇人口数，畜禽养殖量等是否合理。

6.2.2.5 国家级环境统计部门

国家环境保护行政主管部门应组织由环境保护相关业务部门、环境统计技术支持单位、行业协会等组成的环境统计数据联合审核组，开展联合汇审，对省级统计数据展开全面审核。同时，国家环境统计主管部门采取巡查巡视和现场核查方式，对各省级环境统计数据进行审核和复核。

6.2.3 数据审核细则

6.2.3.1 工业源

（1）工业源基层表审核

1）完整性审核

①行政区上报完整性审核。审核区县级行政区上报单位是否完整。

②统计报表完整性审核。审核各统计报表是否有漏报现象。

③重点调查企业统计范围完整性审核。审核各统计报表是否按照“重点调查单位调整原则”每年对重点调查单位进行动态调整。

④重点行业企业完整性审核。审核是否根据技术要求将全部符合调查原则的重点行业企业纳入调查范围。

⑤指标填报完整性审核。审核各统计报表中指标填报是否完整（不同行业生产特点和污染物排放种类会有所不同，因此允许部分指标为空值，如重金属或危险废物指标，以下指标完整性审核相同）。

⑥重点行业指标完整性审核。对废水、COD、氨氮、重金属、二氧化硫、氮氧化物、烟（粉）尘产排量，危险废物产生量排序前5位的行业和该项污染物排放量为零的企业进行重点审核；对产排污系数手册中有污染物产排系数的重点行业，但相应污染物的产生量和排放量未填报或为0的企业进行重点审核。

2）规范性审核

①审核火电、水泥、钢铁、造纸企业及所属的自备电厂是否按照技术要求填报相应的

报表。

②审核是否有不应纳入重点调查范围的行业企业（4610、4412、1011、1012、1013、1019）。

③审核基 101 表中排入的污水处理厂名称和代码是否存在于污水处理厂表中，或与污水处理厂表中的名称和代码是否一致。

3）重要代码准确性审核

①行政区代码。审核重点调查单位的行政区代码是否按属地原则填报。

②组织机构代码。审核重点调查单位组织机构代码是否按照《全国组织机构代码编制规则》填报。

③行业代码。审核重点调查单位行业代码是否按照最新《国民经济行业分类》填报。

4）突变指标审核

审核重点调查单位填报指标和重要衍生指标（衍生指标是指通过有联系的指标换算得出的指标，如产排污系数、平均排放浓度、污染物去除率、去除成本等）是否有突变现象。

5）逻辑关系审核

①审核报表制度规定的逻辑关系。

②需专家经验判别的逻辑关系审核如下：

对废水及废水污染物排放和治理，重点审核以下逻辑不合理现象：有工业用水情况而无废水或废水污染物排放情况，或反之；有废水排放情况而无废水污染物排放情况，或反之（不超标的煤矿废水、间接冷却废水不计为废水排放）；有治理设施运行情况而无废水处理量或污染物去除量情况，或反之（排入污水处理厂处理的除外）。

对废气及废气污染物排放和治理，重点审核以下逻辑不合理现象：有工业锅炉和工业炉窑、有燃料消耗量（燃料煤、燃料油或其他燃料）而无燃烧废气及废气污染物排放情况，或反之；有废气治理设施运行情况而无废气污染物去除情况，或反之；有烟（粉）尘去除量而无粉煤灰产生量，或反之；有原料煤、原料油等消费量而无生产工艺过程中废气及废气污染物排放量的情况，或反之。

对固体废物的产生、排放和治理，重点审核以下逻辑不合理现象：有燃料煤消耗量而无燃烧后炉渣等工业固体废物产生和排放情况，或反之。

6）合理性审核

①审核是否存在虚拟企业、企业群以及不合理的新增企业。

②废水污染物排放及治理，重点审核以下内容：

“工业废水排放量占新鲜用水量的比率”是否合理；

“工业废水污染物（COD、氨氮、石油类、挥发酚、各类重金属，下同）平均排放浓度（工业废水污染物排放量/工业废水排放量）”是否合理；

“工业废水处理成本（废水治理设施运行费用/工业废水处理量）”是否合理；

“工业废水污染物产排污系数”是否合理；

“工业废水污染物去除成本（废水治理设施运行费用/工业废水污染物去除量）”是否合理；

“工业重复用水率（重复用水量/工业用水总量）”是否合理；

“单位工业废水处理用电量（用电量/工业废水处理量）”是否合理；

废水主要污染物平均去除率是否合理；

排序查找废水污染物产排量特大值或特小值是否合理。

③废气污染物排放及治理，重点审核以下内容：

“燃料平均硫分”是否合理；

“吨煤（油）燃烧二氧化硫、烟（粉）尘、氮氧化物产生量”是否合理；

“二氧化硫、烟（粉）尘、氮氧化物平均排放浓度”是否合理；

“二氧化硫去除成本（脱硫设施运行费用/二氧化硫去除量）”是否合理；

“二氧化硫、烟（粉）尘、氮氧化物产排污系数”是否合理；

“脱硫剂消耗量、脱硫石膏产生量”是否与“二氧化硫去除量”符合逻辑关系；

“脱硝剂消耗量”是否与“氮氧化物去除量”符合逻辑关系；

废气主要污染物平均去除率是否合理；

排序查找废气污染物产排量特大值或特小值是否合理。

④固体废物产生、排放及治理，重点审核以下内容：

危险废物产生、处置与综合利用量是否合理；

燃料煤消费量与燃烧废渣产生量对应关系是否合理；

一般工业固体废物综合利用率、处置率是否合理；

危险废物综合利用率、处置率是否合理；

排序查找固体废物产生、利用、处置、倾倒丢弃量等特大值或特小值是否合理。

7）火电、水泥、钢铁、造纸行业基层表审核

火电、水泥、钢铁、造纸基层表审核内容同基 101 表的，参照基 101 表审核原则执行。

①火电—基 102 表审核内容：

A．逻辑关系审核：

“发电量（供热量折算发电量）—煤耗量（发电+供热煤耗量）—二氧化硫产生量—脱硫剂消耗量—脱硫石膏产生量—二氧化硫去除量”变化趋势是否合乎逻辑。

B．利用核算公式进行逻辑关系审核：

“发电量”是否与“装机容量×发电设备利用小时数”基本接近；

“发电燃煤量”是否与“发电量×发电标准煤耗/折标系数（一般取 0.714 3）”基本接近；

“供热燃煤量”是否与“供热量×40/折标系数（一般取 0.714 3）”基本接近。

“燃煤量（发电+供热）×燃煤平均硫分×0.85×2+燃油量×重油平均硫分×2”是否与“上报二氧化硫产生量（上报二氧化硫排放量+去除量）”基本接近。

C．合理性审核：

“装机容量、发电量、厂用电率、发电标准煤耗、发电设备利用小时数”等反应机组情况的重要指标填报值是否合理；

“脱硫/脱硝机组装机容量占总装机容量的比率”是否合理；

“装机容量与锅炉吨位”对应关系是否合理；

根据发电量和发电煤耗核算的发电标准煤耗是否合理。

②水泥—基 103 表审核内容：

审核单位水泥熟料氮氧化物排污系数是否为 1.5 kg/t 熟料左右。

③钢铁—基 104 表审核内容：

焦炉煤气硫化氢质量浓度是否合理：前三年内建成的焦炉或实施焦炉煤气脱硫系统改造的，且采用 HPF 法、T.H 法、F.R.C 法、ADA 法等高效脱硫工艺的，焦炉煤计硫化氢含量不低于 200 mg/m^3；其他情况焦炉煤气硫化氢含量不低于 500 mg/m^3；未配套煤气净化系统的焦炉煤气硫化氢含量不低于 8 000 mg/m^3。

高炉煤气硫化氢质量浓度是否合理：一般为 20～50 mg/m^3。

焦炭产量与焦炉煤气消耗量逻辑关系是否合理：1 t 焦炭产生 400～450 m^3 焦炉煤气；1 t 焦炭需要 1.4～1.5 t 煤炭。

烧结/球团二氧化硫排放量占钢铁企业（不含自备电厂）二氧化硫排放总量是否在 80%以上。

铁矿石含硫率为 0.1%，对应的二氧化硫产生质量浓度为 800～1 000 mg/m^3，含硫率为 0.5%对应的二氧化硫产生浓度约为 4 280 mg/m^3。

生铁矿产量与烧结/球团矿产量校核：1 t 生铁需要消耗约 1.33 t 烧结矿、0.34 t 球团矿或块矿。

烧结/矿产量与烧结机面积校核：烧结矿产量=烧结机面积×利用系数×烧结机运转小时数。

铁精矿消耗量与烧结/球团矿产量校核：1 t 烧结矿需要消耗约 0.9 t 铁精矿，1 t 球团矿需要消耗约 1 t 铁精矿。

固体燃料（炼焦煤消耗量、高炉喷煤量）消耗量与烧结矿产量校核：1 t 烧结矿需要消耗 40～50 kg 固体燃料。

高炉煤气产生量与生铁产量校核：1 t 生铁产生 1 700～1 800 m^3 高炉煤气。

高炉喷煤量与生铁产量校核：1 t 生铁需要消耗 140～200 kg 煤炭。

各脱硫工艺在全烟气脱硫情况下的综合脱硫效率取值：参考总量减排核查核算细则，一般取 70%～90%，其中：活性炭法脱硫工艺原则上不超过 90%；烟气循环流化床法原则上不超过 85%；喷雾干燥法、密相干法、NID 法、MEROS 法等其他（半）干法原则上不超过 80%；石灰石—石膏湿法原则上不超过 85%；氨法、氧化镁法和双碱法等其他湿法原则上不超过 70%。其他无法连续稳定去除二氧化硫的工艺为 0。

④造纸—基 105 表审核内容：

粗浆得率是否合理：各种制浆方法生产的纸浆有一定的得率范围，以木材原料为例：化学浆：40%～50%；高得率化学浆：50%～65%；半化学浆：65%～85%；化学机械浆：85%～90%；磨木浆：90%～95%。

黑液提取率是否合理：木浆：95%～98.5%；竹浆：95%～98%；苇浆：88%～92%；蔗渣浆：88%～90%；麦草浆：80%～89%。

纸浆产量校核：一般情况下，吨浆用电量为 1 100 kW・h 左右，工业用水量为 50 t 左右。

机制纸及纸板产量校核：吨纸用电量为 500 kW・h 左右，工业用水量为 30 t 左右。

造纸 COD 排放质量浓度校核：碱法化学制浆企业未建设、运行碱回收设施和生化处理设施的，一般情况下，COD 实际排放质量浓度为 5 000 mg/L 左右；未建设、运行碱回收设施仅配有生化处理设施的，COD 实际排放质量浓度为 500 mg/L 左右。铵法制浆企业未建设、运行木质素回收装置和生化处理设施的，一般情况下，COD实际排放质量浓度为6 000 mg/L左右。未采用Fenton氧化（硫酸亚铁—双氧水催化氧化）等化学氧化深度处理工艺的，一般情况下，COD实际排放浓度不低于100 mg/L。

⑤防治投资—基106表审核内容：

审核“竣工项目新增处理能力、投资完成额”等单位填报是否正确。

审核是否存在统计年度之前已建成投产的治理项目重复填报现象。

（2）工业源汇总表审核

1）汇总数据一致性和平衡性审核

审核各级行政区汇总数据是否与其所辖行政区汇总数据之和一致。

审核各级行政区基层表汇总数据是否与重点调查单位汇总表数据一致。

2）上报行政区完整性审核

审核上报的行政区是否与标准行政区代码一致。

3）突变指标审核

审核汇总指标是否有突变现象：应选择两年以上数据进行纵向突变对比分析，对数据变化幅度较大的指标要进一步审核，具体要追溯落实到重点调查单位。

4）逻辑关系审核

①报表制度规定的逻辑关系审核。

②废水污染物排放及治理等汇总数据的逻辑性，重点审核以下内容：

“工业废水治理设施数－工业废水治理设施处理能力－工业废水治理设施运行费用－工业废水处理量－工业污染物去除量（产生量–排放量）”变化趋势是否合乎逻辑。

③废气污染物排放及治理汇总数据，重点审核以下内容：

“废气治理设施数－废气治理设施能力－废气治理设施运行费用－废气污染物去除量（产生量–排放量）”变化趋势是否合乎逻辑。

5）合理性审核

①审核是否与统计部门相关数据相匹配：

审核环境统计数据与统计部门公布的煤炭消耗量、相关产品产量数据是否符合逻辑对应关系。

②审核地区或行业平均排放水平：

“地区或行业的污染物平均排放浓度”是否合理。

“地区或行业的‘废水排放量占新鲜用水量’平均比率”是否合理。

“地区或行业的污染物平均排放强度”是否合理。

③重点行业平均产排污系数审核：

重点行业（火电、水泥、钢铁、造纸）平均产排污系数是否合理。

6）非重点估算合理性审核

审核主要污染物非重点比例是否过高或过低；

审核非重点部分用排水、煤炭消耗情况是否合理。

7）重点行业汇总表与相关部门数据匹配性审核

审核火电行业汇总发电量、装机容量、煤炭消耗量等指标与各地区统计公报数据、电力部门数据是否匹配；

审核水泥行业熟料总产量、水泥产量等指标与各地区统计公报数据是否匹配；

审核钢铁行业粗钢产量等指标与各地区统计公报数据是否匹配；

审核造纸行业纸浆产量、机制纸及纸板产量等指标与各地区统计公报数据是否匹配。

8）审核工业污染防治投资汇总指标是否有突变现象。

6.2.3.2　农业源

（1）规模化畜禽养殖场/小区污染排放及处理利用情况（基 201 表）

1）指标填报完整性审核

报表中的指标特别是重要指标是否填报完整。

2）逻辑关系审核

审核报表制度规定的逻辑关系。

3）突变指标审核

对同一重点调查单位的所有填报指标与上年进行比较，作突变指标审核。对变化幅度超过一定百分比的突变指标重点审核。对主要污染物去除率与上年比较变化幅度超过 10 个百分点的进行重点审核。

4）合理性审核

一般情况下，养殖数量与畜禽养殖栏舍面积对应关系为：1 头猪/m^2、0.5 头奶牛/m^2、1 头肉牛/m^2、15 只蛋鸡/m^2、10 只肉鸡/m^2。

粪便直接农业利用的，必须配备固定的防雨防渗粪便堆放场。一般情况下，每 10 头猪（出栏）粪便堆场所需容积约 1 m^3；每 1 头肉牛（出栏）或每 2 头奶牛（存栏）粪便堆场所需容积约 1 m^3；每 2 000 只肉鸡（出栏）或每 500 只蛋鸡（存栏）粪便堆场所需容积约 1 m^3。

一般情况下，每亩土地年消纳粪便量不超过 5 头猪（出栏）、200 只肉鸡（出栏）、50 只蛋鸡（存栏）、0.2 头肉牛（出栏）、0.4 头奶牛（存栏）的产生量。

一般情况下，每亩土地年消纳污水/尿液量不能超过 5 头猪（出栏）、0.2 头肉牛（出栏）、0.4 头奶牛（存栏）的产生量。

5）准确性审核

核定化学需氧量去除率、氨氮去除率是否与总量减排核定结果一致。

根据各种养殖方式比例、粪便利用方式比例、尿液（污水）处理方式比例所得化学需氧量、氨氮的去除率与总量减排核定结果是否接近。

（2）各地区农业污染排放及处理利用情况（综 201 表、综 202 表）

1）指标填报完整性审核

报表中的指标特别是重要指标是否填报完整。

2）准确性审核

核定减少水产围网养殖面积是否与总量减排核定结果一致。

畜禽养殖中规模化养殖场/小区养殖数量、养殖专业户养殖数量是否与农业畜牧部门数据一致。

畜禽养殖中规模化养殖场/小区、养殖专业户化学需氧量和氨氮是否与总量减排核定结果一致。

种植业主要污染物流失量与 2010 年普查动态更新调查数据是否一致。

水产养殖业主要污染物排放量是否等于 2010 年第一次全国污染源普查水产养殖业污染物排放量×（1–减排核定减少水产围网养殖面积/2007 年第一次全国污染源普查水产养殖面积）。

6.2.3.3 城镇生活源

（1）上报行政区完整性审核

审核上报行政区与行政区标准代码是否完全一致，区县数据是否完整。

（2）指标填报完整性审核

审核报表所有指标是否填报完整。

（3）逻辑关系审核

①审核报表制度规定的逻辑关系。

②通过核算公式审核。

城镇生活污水排放量＝城镇常住人口数×城镇生活污水排放系数–再生水利用量（取自综 501 表）；

城镇生活 COD 产生量＝城镇常住人口数×城镇生活 COD 产生系数；

生活氨氮、总磷、总氮和石油类同上。

城镇生活 COD 排放量＝城镇生活 COD 产生量–城镇生活 COD 去除量。

（4）突变指标审核

审核指标：城镇人口、生活煤炭消费量、生活天然气消费量、城镇生活污水排放系数、二氧化硫排放量、氮氧化物排放量、烟尘排放量；

应选择两年以上数据进行纵向突变指标对比分析。对数据变化量较大的指标要进一步审核，具体要追溯落实到具体行政区。

（5）合理性审核

城镇人口数与统计局数据比较，审核是否准确合理。

吨生活燃煤量的二氧化硫、烟尘、氮氧化物排放量（即吨煤产污系数）合理性审核。

生活煤炭消耗量与生活及其他二氧化硫、烟尘、氮氧化物排放量的变化趋势是否合理。

综 101 表中工业煤炭消费消费量应与综 501 表“煤炭消费总量–生活煤炭消费量”相等或基本接近。

6.2.3.4 机动车

（1）上报行政区完整性审核

审核地市级行政区报送单位是否完整。

（2）指标填报完整性审核

报表所有指标是否填报完整，列出缺报指标项。

（3）逻辑关系审核

分年度注册量之和等于调查年度机动车保有量。

（4）突变指标审核

提取 12 个车辆类型的保有量汇总数据，与上年数据进行对比分析，变化超过 10%的应重点审核。

（5）合理性审核

分车辆类型保有量数据应与统计局数据一致。

6.2.3.5 集中式污染治理设施

（1）城市污水处理厂

1）基 501 表

①完整性审核。

报表中的指标特别是重要指标是否填报完整；

城镇污水处理厂是否均纳入调查，是否乡村污水处理厂也被统计在内。

②突变指标审核。

对同一重点调查单位的所有填报指标和重要衍生指标与上年进行比较，作突变指标审核。对变化幅度超过一定百分比的突变指标进行重点审核。

③逻辑关系审核。

报表制度规定的逻辑关系审核

污水处理厂累计完成投资≥新增固定资产

污水实际处理量>处理本县区外的水量

污水实际处理量>再生水生产量≥再生水利用量

④合理性审核。

年污水设计处理量原则上应大于污水实际处理量：其中年污水设计处理量=污水设计处理能力×365/10 000；

COD（氨氮、总磷、总氮）进出水质量浓度差异常值审核；

进水 COD 质量浓度低于 100 mg/L 或出水 COD 浓度低于 25 mg/L（污水处理厂一级 A 排放标准值一半）的要重点核查；

出水氨氮质量浓度低于 5 mg/L（污水处理厂一级 A 排放标准值）的要重点核查；

污泥产生量（含水 80%）合理性审核（注重审核单位）：一般处理每万吨污水产生 1～2 t 污泥；去除 1 kg COD 产生 0.2～1 kg 污泥

耗电量合理性审核〔注重审核单位；如度、万度（报表使用）、亿度的混用〕；吨水耗电量（kW·h）＝耗电量/污水年处理量，一般取值为 0.15～0.35 kW·h/t，也有例外较低的情况（如提升泵站不在厂区内）；

污水处理成本（污水处理厂运行费用/污水处理量）合理性审核（参考值：吨水处理成本 0.8 元）。

2）综 501 表

突变指标审核：地区 COD 平均进出口质量浓度、污水设计处理能力、污水处理量、污泥产生量、本年运行费用、耗电量；

应选择两年以上数据进行纵向突变指标对比分析。对数据变化量较大的指标要进一步审核，具体要追溯落实到重点调查单位。

（2）垃圾处理场（厂）

1）环年基 502 表

①完整性审核。

审核报表中指标填报是否完整。同一处理厂有多种处理方式的是否都已填报。

②调查范围审核。

调查范围和对象是否准确，如垃圾焚烧发电厂是否被纳入集中式统计；兼营垃圾焚烧的企业是否纳入统计等。

③逻辑关系审核。

审核报表制度规定的逻辑关系。

2）环年综 502 表

审核报表制度规定的逻辑关系。

（3）危险废物集中处理（置）

1）环年基 503 表

①完整性审核。

审核报表中指标填报是否完整。

②调查范围和对象审核。

审核危险废物集中处理（置）厂调查范围是否完整。

集中处理（置）厂是否填报多种类型。

企业自建自用的处理设施是否纳入调查范围。

③逻辑关系审核。

审核报表制度规定的逻辑关系。

2）环年综 503 表

①逻辑关系审核。

审核报表制度规定的逻辑关系。

②突变指标审核。

审核危险废物集中处理（置）厂的汇总指标是否有突变现象。对变化幅度较大的指标要进一步审核，追溯落实到具体危险废物集中处理（置）厂。

第 7 章　环境统计的国际经验

7.1　环境统计指标组织框架

7.1.1　联合国统计署 FDES 框架

1984 年，联合国统计署（UNSD）发布的《环境统计资料编制纲要》结合介质方法和压力—反应方法，开发出环境统计开发框架 FDES（Framework for the Development of Environment Statistics）。它包括：①社会经济活动和事件；②影响和效果；③对影响的反应；④详细的清单、存量和背景条件。

此外，FDES 把环境组成成分和相关信息联系起来。环境组成成分说明环境统计的范围（如植物、动物、大气、水、土地和人类居住区）；相关信息则是指社会经济活动和自然事件及其对环境的影响以及公共组织和个人对这些影响的反应。《环境统计资料编制纲要》是联合国为世界各国在环境统计方面提供的一套框架、方法和标准，按照活动—影响—反应结构模式收集环境资料，反映国际环境统计在资料收集方面的发展方向。

1995 年 2 月，环境统计进步政府间联合工作组在瑞典的斯德哥尔摩举行第四次会议，与会者根据 FDES 框架，提出了“环境和相关的社会经济指标序列”，并对每一个指标做了详细说明。不过，由于指标定义及相关的说明不够充分，导致人们对同一指标的理解有所偏差。在进行指标的国际编制时，常常因为理解不同而影响数据质量。但是，由于这些指标是可持续发展指标系列的一个子集，具有更为广泛的应用范围，再次讨论环境指标时，这些指标很可能成为国家环境统计的标准指标。

表 7-1　FDES 框架下的广义环境指标体系

21 世纪议程问题（分组）	FDES 信息分类			
	社会经济活动和事件（压力/驱动力）	影响和效果（状态部分）	对影响的反应（反应）	详细清单、库存、背景条件（状态部分）
经济问题	实际人均 GDP 增长率，生产和消费模式 GDP 中用于投资的份额	人均 EDP/EVA（环境调整输出/环境调整附加值）资本积累（经过环境调整的）	环保支出占 GDP 的百分率，环境税收和补助金占政府收入的百分率	生产资本存量
社会/人口问题	人口增长率，人口密度，城市/农村迁移率，人均卡路里供应量	暴露在富含 SO_2、悬浮颗粒物、臭氧、CO 和 Pb 环境下的城市人口百分率，婴幼儿死亡率，与环境相关的疾病的发生率		处于绝对穷困的人口数量，成年人识字率，中小学综合入学率，出生时的估计寿命，中学生中女生占男生的百分率

21世纪议程问题（分组）	FDES信息分类			
	社会经济活动和事件（压力/驱动力）	影响和效果（状态部分）	对影响的反应（反应）	详细清单、库存、背景条件（状态部分）
空气/气候	CO_2、SO_2和NO_x排放量，臭氧衰竭物质消费量	市区CO、SO_2、NO_x，O_3和TSP的浓度，空气质量指数	用于减少空气污染的支出，物质消费和排放物的缩减量	天气和气候条件
土地/土壤	土地使用的变化，干燥和半干燥地带每平方米的牲畜数，化肥的使用量，农业杀虫剂的使用量	受土壤腐蚀影响的土地面积，受沙化影响的土地面积，受盐碱化和水利伐木搬运业影响的土地面积	保护区面积占总土地面积的百分率	人均可耕土地面积
水 淡水资源 海洋水资源	直接排入淡水中的工农业和城市废水量，每年减少的地下和地表水量，国内人均水消费量，单位GDP的工农业用水量，直接排入海洋的工农业和城市废水量，沿海水域的油泄漏量	淡水中铅、铬、汞和杀虫剂的浓度，淡水中排泄物大肠杆菌的浓度，淡水酸化程度，淡水中BOD和COD含量，淡水质量指数，海洋物种最大可持续产量与存量的差额，沿海水域P和N的含量	总的废水处理量和按处理类型计算的废水处理量，使用安全饮用水的人口占总人口的百分率	地下水储量
其他自然资源和生物资源	圆木年产量，人均燃料木消耗量，海洋物种的捕获量	森林砍伐比率，受到威胁、濒临灭绝的物种	重新造林比率，森林保护面积占土地总面积的百分率	森林总量，生态系统目录，动物志和植物志目录
矿物（包括能源）资源	人均年能量消费量，矿物资源的开采量	矿物资源消耗（占探明储量百分率），探明储量的使用期限		鱼类存量，探明矿物储量，探明能源储量
废弃物	城市废物处理量，危险废物产生量，危险废物进出口量	有毒废物污染地带的面积	用于废物收集和处理的支出，废物回收量利用率	
人类居住区	城市人口增长率、市区人口百分率、每千人使用的机动交通工具数量	边缘居住区的面积和人口-房屋指数，享有卫生服务的人口百分率	廉价住房支出	房屋数量及基础结构
自然灾害	自然灾害发生率	自然灾害造成的人口和经济损失	防御和缓解灾害的费用支出	易发生自然灾害的人类居住区

7.1.2 OECD的PSR框架

早在20世纪80年代，经济合作与发展组织（OECD）就着手开发环境指标，用压力—状态—响应框架（a Pressure-State-Response Framework，PSR）组织有关环境问题的指标。

环境压力反映环境的因素和自然资源的利用（按部门分类），为了全面说明人类活动、过程和模式对环境的正负两方面影响。在某些情况下，用“驱动力”（Driving Force）替代“压力”。其中，驱动力（压力）指作用于环境的人类活动、过程和模式；状态指环境的状况，反映经过人类活动和自然现象后的人们赖以生存的自然环境状况（按自然类型和环境媒介分类）；响应指环境变化引起的政策选择和其他反应，如对自然和环境的保护等。

由于 PSR 和 FDES 两种框架方法彼此相似，通常可以互换。

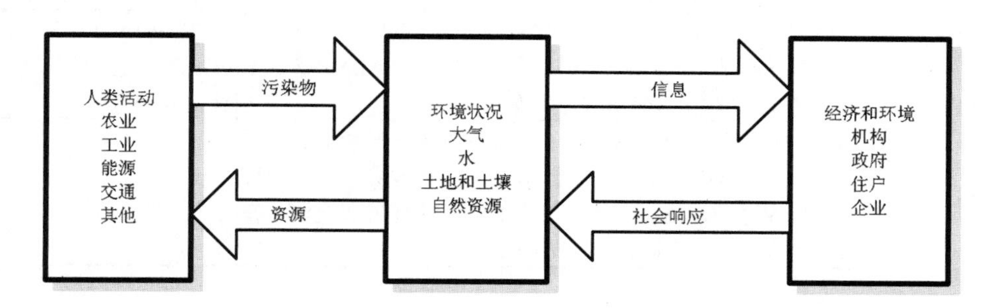

图 7-1　PSR 环境统计编制的基本结构

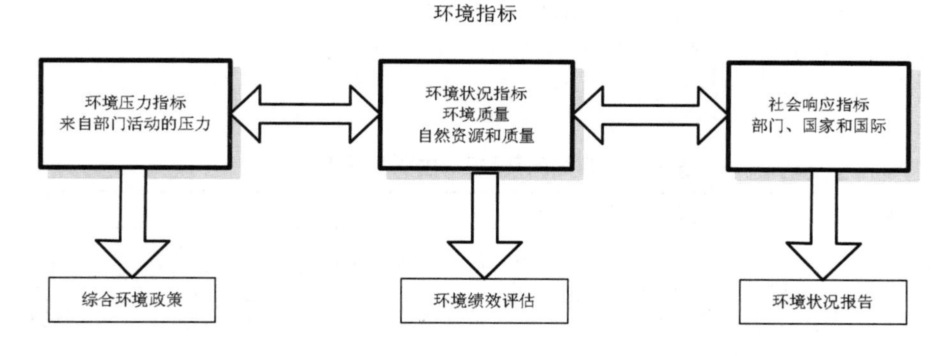

图 7-2　PSR 框架环境指标

7.2　重要国际组织和国家的环境统计工作

7.2.1　重要国际组织的环境统计工作

欧盟和 OECD 等国际组织致力于建立区域性的环境信息数据系统及共享机制，在全球性的视角下开展区域性的专项调查以及对各国进行环境绩效评估。

表 7-2 环境数据及统计情况（主要国际组织）

组织机构	统计数据机构	统计内容
欧盟	欧洲环境署	气候变化，大气，水，土地利用，自然及生物多样性
联合国欧洲经济委员会	负责机构为跨区域的大气污染协定执行办公室，参与机构有环境绩效评估方面环境政策委员会的专家组、联合国欧洲经济委员会木材和运输委员会	空气污染情况，欧洲及全球森林资源评估，欧洲、北美及某些区域交通统计
联合国环境规划署/早期预警和评价部	环境统计内部秘书处工作组（IWG-Env），联合国统计委员会，统计活动协调委员会（CCSA），机构间 MDG 指标专家组（IAEG），EEA/USEPA 生态信息	（UNEP）全球环境展望（GEO）数据门户，环境统计问卷调查
OECD	OECD 环境信息处，成立由各成员国参加的环境信息和展望工作组（WGEIO），开展数据质量控制方法、环境指标和数据库建设、物质流核算等方面的工作部署和交流，在条件允许的情况下邀请非成员国参加	

另外，联合国等主要国际组织针对所关注的主要环境问题，设计出各种不同的环境指标体系。例如，可持续消费和产品指标以及环境可持续发展指数（Environmental Sustainability Indicator，ESI）、环境绩效指数（Environmental Performance Indicator，EPI）、环境脆弱指数（Environmental Vulnerability Index，EVI）和生物多样性指数等，其研究结果为其他国家开展环境指标研究工作提供了支撑。

表 7-3 环境指标情况（主要国际组织）

组织机构	环境指标负责机构	环境指标情况
欧盟	欧洲环境署、欧洲资源和废弃物管理事务中心	可持续消费和产品指标
联合国欧洲经济委员会	环境监测与评估工作组、欧洲统计协商会	报告环境现状、出版依照指标指南中的指标编写的环境统计概要
联合国环境规划署/早期预警和评价部	联合国环境规划署	全球环境展望（GEO）中的环境指标；ESI、EPI、EVI、生态足迹、环境账户、生物多样性指数、国际实验室认可合作组织（ILAC/SD）指标

其中，OECD 全面环境指标（CEI）基于压力—状态—响应（PSR）模型分类，用于跟踪环境进展和所涉及的主要因素，并在指标分析的基础上开展相应的环境政策分析。CEI 从土地、森林、动植物、水、大气、废弃物和噪声 7 个方面进行统计，约包括 50 个指标，这套指标普遍为 OECD 成员国所接受和采纳，并定期出版。OECD 核心环境指标（KEI）是在全面环境统计指标基础上开发的 10 个核心环境指标，旨在满足与公众沟通交流服务的需求，并向公众和政策制定者提供关键信息。该指标体系数据基础来源于 OECD 资源环境信息系统（SIREN）数据库，与 OECD 制定和使用的其他环境指标也密切相关。指标涉及气候变化、臭氧层、大气质量、废弃物产生、水资源、森林资源、鱼类资源、能源资源和生物多样性 10 个方面。OECD 缓解指标主要衡量在某一特定时期内环境压力与经济增长的缓解程度；在 OECD 国家的政策分析和评估中与其他指标结合使用，并在确定国家贸

易能否实现可持续发展方面是一个有效的工具。缓解指标主要包括以下两种类型：宏观层面缓解指标和特定行业的缓解指标。OECD 部门环境指标（SEI）采用 PSR 模型的概念框架，各部门根据具体情况进行调整，关注环境与经济可持续发展之间的联系。由环境核算产生的指标用于将环境问题纳入经济和资源管理综合决策。重点包括环境支出账户、与自然资源可持续管理相关的自然资源账户，以及与物质资源使用效率和生产力有关的物质流账户。

表 7-4　OECD 全面环境指标体系（CEI）

分类	统计大类	具体统计指标
气候变化	1.CO_2排放强度	单位 GDP CO_2排放量；人均 CO_2排放量；CO_2排放总量；OECD 国家排放量占世界总的排放量的比例；OECD 国家 CO_2排放结构（分交通、工业、能源和其他）；能源消耗 CO_2排放量变化趋势（1980—200_）；单位 GDP CO_2排放量变化趋势（1980—200_）；OECD 国家能源供应中化石燃料的份额；单位 GDP 化石燃料利用量
	2.温室气体排放	OECD 国家温室气体排放总量及变化趋势（1990—200_）；单位 GDP 温室气体排放量及变化趋势（1990—200_）；人均温室气体排放量及变化趋势（1990—200_）
	3.温室气体浓度	气候变化框架公约下的气体控制情况；“蒙特利尔议定书”下的气体控制情况（消耗臭氧层物质）
臭氧层破坏	4.破坏臭氧层物质	氯氟烃（CFCs）和哈龙（Halons）的消耗量（1986—200_）；氟氯烃（HCFCs）和溴代甲烷（Methylbromide）的消耗量（1986—200_）；氯氟烃消耗量及变化趋势（1989—200_）；哈龙消耗量及变化趋势（1989—200_）；氟氯烃消耗量及变化趋势（1989—200_）；溴代甲烷消耗量及变化趋势（1989—200_）；总的破坏臭氧层物质消耗量；人均破坏臭氧层物质消耗量；总的破坏臭氧层物质产生量；人均破坏臭氧层物质产生量
	5.平流层臭氧	选定城市的臭氧柱总量变化趋势（1979—200_）
大气质量	6.大气污染物排放	单位 GDP 硫氧化物（SO_x）排放量；人均硫氧化物排放量；硫氧化物排放总量及变化情况（与 1990 年相比）；化石燃料供应变化（与 1990 年相比）；GDP 变化（与 1990 年相比）；硫氧化物排放量变化趋势（1990—200_）；单位 GDP 氮氧化物（NO_x）排放量；人均氮氧化物排放量；氮氧化物排放总量及变化情况（与 1990 年相比）；氮氧化物排放量变化趋势（1990—200_）
	7.城市空气质量	选定城市中 SO_2 和 NO_2 浓度年平均值变化趋势（1990—200_）
固体废物	8.废弃物产生	人均生活垃圾产生量；垃圾填埋场处置比例；单位 GDP 工业固体废物产生量；人均核废弃物产生量；单位 GDP 危险废物产生量；人均生活垃圾产生量变化情况（与 1990 年相比）；其中人均居民家庭产生量；人均私人最终消费支出及变化情况（与 1990 年相比）；生活垃圾处置方式比例（分回收、焚烧、填埋）；制造业固体废物产生量及单位 GDP 产生量；核废弃物产生总量；危险废物产生总量；危险废物跨境流动量（出口—进口）；国家管理的危险废弃物总量
	9.废弃物回收	纸制品回收率及绝对变化率（与 1990 年相比）；玻璃制品回收率及绝对变化率（与 1990 年相比）
水资源质量	10.河流水质	OECD 国家重要河流溶解氧年平均含量；OECD 国家重要河流硝酸盐年平均含量

分类	统计大类	具体统计指标
	11.废水处理	污水处理和污水处理管网覆盖率；污水处理管网覆盖率变化趋势（1980—200_）；公共污水处理设施处理污水率，其中二级处理比例，三级处理比例（1980年和20年代初数据）；污水处理中公共支出总额，其中投资比例
水资源	12.水资源利用	人均淡水年抽取量以及相对于1980年的变化情况；抽取量占总的水资源的百分比；抽取量占内陆水资源的百分比；抽取的淡水主要用途利用量（包括灌溉、市政供应、其他，如工业、能源等）；抽取量占可利用水资源量的比例以及相对于1980年的绝对变化率；单位面积灌溉土地的水资源抽取量；灌溉土地中耕地比例以及相对于1980年的变化情况
	13.市政水供应及价格	人均市政水供应抽取量；主要城市的水价；所选择城市的居民家庭市政淡水供应平均价格
森林资源	14.森林资源利用	森林资源利用强度（采伐量占年增长量的比例）；森林产品产量占国家出口货物的比例
	15.森林和林地面积	森林和林地资源占土地面积的百分比（最新年份）；1970年，1980年和最新年份的森林和林地资源面积变化趋势
鱼类资源	16.国家捕鱼量和消费量	在海洋和内陆水域捕鱼量占世界捕鱼量的比例及变化趋势（以1980年为基准，1980—200_）；1980年和200_年人均鱼类消费量
	17. 世界和地区捕鱼量和消费量	捕鱼量变化趋势（1980—200_，OECD国家和非OECD国家比较）；1979—1981年和2001—2003年捕鱼量情况比较（经合组织、欧盟15国、欧洲非OECD国家和北美）；主要海洋捕鱼区的渔获量及变化情况（与1979—1981年相比）；世界海洋鱼类资源的阶段渔业发展比例（恢复期、衰退期、成熟期、发展期和未成熟期）；主要海洋捕鱼区的渔获量占世界捕鱼量的比例（1979—1981年和2001—2003年）；主要海洋捕鱼区鳕鱼、鲱鱼、沙丁鱼、凤尾鱼、其他中上层鱼类、金枪鱼、鲣鱼、长喙鱼等捕获量及变化情况（与1979—1981年相比）；人均鱼类资源捕获量及变化情况（与1979—1981年相比）；占世界捕获量的比例；海洋渔获量占总渔获量的比例；人均鱼类资源消耗量及变化情况（与1980年相比）
生物多样性	18. 濒危物种	OECD国家哺乳类动物、鸟类动物、维管束植物占已知物种的比例；OECD国家哺乳类动物、鸟类、鱼类、爬行动物、两栖动物、维管束植物已知物种数量及濒危物种比例
	19. 保护区	总的保护区域占国家领土的比例；世界自然保护联盟（IUCN）保护区主要分类占总的保护区域的比例；主要保护区数量、面积、占国土面积比例和人均占有量；严格自然保护区、原野地、国家公园的数量、面积、占国土面积比例和人均占有量

7.2.2 主要国家的环境数据统计

大多数OECD国家的环境数据信息统计工作由环境保护部门、统计部门及与环境相关的机构共同完成，通过专门调查和总量核算的方式收集环境信息数据，同时各国通过建立国家或区域的环境监测网络收集环境质量数据，定期对环境信息数据进行补充、参数测定和环境状况的评估；其覆盖范围基本涉及水体、空气、土地资源、环保支出等方面。各国具体负责环境统计的机构、评估和监测体系、数据库系统以及主要统计内容见表7-6。根据各国政府职能的不同，在环境信息统计方面起主导作用的机构也不同，有的是环境部门和统计部门共同承担，如德国、意大利、瑞士和匈牙利等国家；有的是环境部门主导，统计部门和其他部门参与，如加拿大、捷克、韩国、新西兰等国家；少数国家是统计部门主导，环境等相关部门参与，如芬兰和荷兰等国家。在 OECD 国家中，奥地利没有设立专门的政府领导机构负责环境数据及统计工作，只包括一些参与机构，分别为农业、森林和水资源管理部、联邦环境机构、联邦统计机构等；卢森堡负责环境数据及统计工作的机构是卢森堡可持续发展与基础建设部，参与机构有国家水资源、森林、能源、交通、土地登记及财政机构，但是卢森堡可持续发展与基础建设部不发布环境统计数据，而是依据此数据发布环境指标报告，同时卢森堡国家统计机构针对各种管理的需求出版统计报告，但这些报告只包含环境方面的部分内容；另外，比利时环境信息工作按照比利时 Flanders、Wallonia、Brussels 和 Federal 四个区域进行划分，共采用 4 种区域管理方式（表 7-5）。

表 7-5　比利时各地区环境数据及统计情况

地区	环境统计内容
Flanders	大气、水资源、污染排放及环境质量，地下水质量和储量，废物及土壤污染，土地管理，噪声
Wallonia	大气、水资源、废弃物和土壤污染、自然和森林
Brussels	大气、能源、气候、噪声、水资源、废弃物、自然资源、土壤污染、健康及环境等
Federal	生物多样性协定、食品安全和环境等

智利、爱沙尼亚、俄罗斯等国家大多采用以统计部门为主、环境等其他相关部门参与的方式开展环境数据信息的统计工作（表 7-6）。

表 7-6　环境数据及统计情况（OECD 国家）

国家	环境信息统计机构	统计内容	监测、评估体系	数据库系统	专项调查项目
美国	国家环境保护局（EPA）环境信息办公室	大气环境质量、大气污染物排放、饮用水水质、水污染物排放、流域及近海海域水质、危险废物和有毒物质排放等	整个数据收集过程（收集—处理—评估—发布—使用）都体现确保质量最优化原则；包括环境数据质量管理体系数据质量管理体系数据分析、风险评估、数据质量评估	环境数据登记系统、EPA 应用和数据库登记系统、物质登记系统、国家和地方环境信息网络	
日本	环境省	经济及社会、全球环境、物质循环、大气环境、水环境、化学物质、自然资源、环境措施以及环境友好社团活动、环境化学物质、日本鸟类及动物居住环境的分析和评估、日本濒危物种、国家自然资源调查	监测点 1 000 项目根据长期监测调查数据来分析日本 1 000 个监测点的数据，发现生态退化的标记，具体结果为制定合理的自然环境保护措施提供帮助		环境统计项目、环境友好社团活动调查、环境化学物质报告、鸟类及动物统计、红色清单项目、国家自然资源调查、覆盖 1 000 个监测点的监测项目

国家	环境信息统计机构	统计内容	监测、评估体系	数据库系统	专项调查项目
澳大利亚	环境、水资源、遗产与艺术保护部负责编辑国家环境报告；统计局领导数据统计工作；参与机构还包括各州级政府机构	森林和木材统计、能源和矿产统计、渔业统计、居民生活环境统计	不详		农业产业调查、农业管理以及气候调查、能源供给调查、环境管理调查
加拿大	环境部，参与机构有农业和农产品部、渔业和海洋部、健康部、自然资源部、统计局	大气、水资源（工业、农业）、自然资源、生态系统、居民环境等	环境影响监测项目的改善建议；扩大国家污染物排放清单覆盖的污染物和设施的范围；提高国家大气污染监督网络；国家森林状况监测方面建立新的信息搜集方式	水账户编制综合信息系统、土地资源地理信息系统数据库、综合元数据库	居民环境调查、行业水资源调查、污水处理厂入口水质调查、亚特兰大海岸行动项目调查和农业用水调查等
德国	联邦环境机构和联邦统计办公室	基础指标涉及气候、大气、土地、水、能源、原材料6个领域			
捷克	环境部，参与机构有统计和生态环境信息中心	年度进行的环境统计调查项目		环境问题统一信息执行系统	
匈牙利	环境与水资源部、统计中心办公室，参与机构有农业与农村发展部、经济与交通部	空气、水、废弃物、土壤质量、环境支出和环境政策执行成本	监测网络（空气、水和土壤质量）的监测数据纲要		环境统计年鉴项目、数据（空气、水和土壤质量）监测项目、衡量经济活动主体环保意识及环境政策执行成本的环境保护支出和环境产业项目
意大利	环境保护和研究机构、国家统计局，参与机构有地方环境保护机构	农业环境、林业环境、能源环境、交通环境、旅游环境、工业环境、大气污染、生物圈、水环境、固体废物、辐射环境、噪声、自然生态、环保产业、环境监管机构、环境宣传与文化、环境健康等领域	地表水、地下水、海水、大气质量的监测实验技术非常成熟；除日常监测和常见的监测指标外，还同时关注及时发现新物质、新问题，从而起到预警作用	国家环境信息和控制系统	重新启动欧盟里斯本创新、增长和就业战略规划

国家	环境信息统计机构	统计内容	监测、评估体系	数据库系统	专项调查项目
墨西哥	环境和自然资源部，参与机构有国家统计及地理信息机构			结构获取模块，使用者可以获得预先设定的图表，并且图表数据根据信息数据库的变化随时更新；灵活获取模块，使用者可直接获取变量；包含地图展示界面的新模块	
韩国	环境保护部，参与机构为国家统计办公室	空气、水资源、温室气体排放、环境疾病、气候变化	国家环境空气监测信息系统、水质监测网络		环境企业调查、中期（2008—2012）统计发展规划
荷兰	统计局，参与机构有环境评估机构、排放登记机构、Wageningen大学研究中心、内陆水管理和废水处理机构、国家海岸管理局等	排放登记机构测量和计算空气、空气排放物、水污染、工业及生活废弃物、肥料、杀虫剂、自然资源、土地使用、能源、环境保护支出和环境核算；内陆水管理和废水处理机构负责统计内陆废水排放、水质和海岸湿地管理；Senter Novem负责废弃物的产生和处理量方面的数据	Wageningen 大学研究中心开展自然资源中土地监测方面研究；荷兰环境评估机构覆盖范围有空气排放物、空气质量、土壤质量、地下水水质、外部安全、辐射、噪声和生物多样性及自然与社会		
挪威	污染控制机构、统计局，参与机构有自然资源管理机构	能源核算、排放清单、固体废物核算和统计、污水处理及水的供应和使用统计、渔业、森林、农业、环境核算和环保支出、土地利用、噪声和化学物质			
新西兰	环境保护部，参与机构有统计局、地区各级政府机构	环境统计数据收集和分析主要由大量政府部门联合完成，其范围包括自然资源统计及各行业利用资源情况、环境保护和可持续发展方面支出的统计			环境政策的制定、环境监测和数据收集

国家	环境信息统计机构	统计内容	监测、评估体系	数据库系统	专项调查项目
波兰	统计办公室、环境保护首席监察机构，参与机构有环境保护部	废弃物、渔业、农业、森林等	根据环境保护监测项目内容组织实施监测活动，并收集环境质量数据、进行环境状况评估：空气、地表水及地下水资源、波罗的海海域、土壤、自然环境、噪声和电离及电磁辐射方面	环境保护支出信息系统	渔业、农业和森林方面的专业机构的调查项目
西班牙	国家统计机构、环境乡村及海运事务部，参与机构有公共事务部的国家地理信息机构和地区环境、农业、渔业权力机构	水资源、废弃物和环境保护支出等			水资源调查（城市水资源供应、通过城市水网的污水处理和农业水资源使用调查）、废弃物调查和环境保护支出调查（废弃物处理及回收能力调查和废弃物产生量调查）
瑞典			环境监测涉及大气、山脉、森林、湿地、农业、新鲜用水、海洋及海岸水域、与健康相关的环境监测和有毒物质等		
斯洛伐克	环境部、统计局，参与机构有水资源研究机构、州级环境保护机构、环保基金、州级地理信息机构	由复杂的监测系统和部门环境信息系统组成	监测系统对重要环境数据定期进行系统监测和参数监测，其包括的子系统分别为空气质量、气象及气候、水资源、放射性、废弃物、生态、地质环境、土壤、森林和污染物	分部门的环境信息系统包括部门信息系统、元信息系统、信息监测系统、领土监测系统、环境部门信息系统和环境信息系统	
瑞士	联邦环境办公室、联邦统计办公室	国家海岸管理局负责海岸水环境的废水排放、海水水质和海洋湿地管理	监测网络项目，旨在从国际、联邦和区域层面上总结环境政策信息需求，从而协调数据；其他重要的国家监测网络包括土壤监测网络、生物多样性监测网络、空气污染监测网络、水环境监测及调查、地下水质量监测网络和森林目录		

国家	环境信息统计机构	统计内容	监测、评估体系	数据库系统	专项调查项目
英国	环境、食品和农村事务部、苏格兰政府、威尔士联合政府、北爱尔兰环境保护部，参与机构有环境协会和研究组织	废物、排放物、环境公平、公众态度和行为、流域水资源水质、空气质量和排放交易			

表 7-7 环境数据及统计情况（非 OECD 国家）

国家	统计数据机构	统计体系	监测、评估体系
智利	国家统计局、22 个环境相关的公共机构	不同环境专题（大气、水、土地利用、生物多样性）、人类居住模式、经济活动和环境影响（空气、水、固态水和农药使用）、环境管理相关专题（如环境影响评价系统建议项目）、企业的环境管理系统、空气质量、排放与污染物、废弃物管理	污染物排放转移登记、国家空气质量监测系统
爱沙尼亚	统计局、环境信息中心	农业环境、填埋和废物处理设施清单、废水处理厂清单国家环境登记系统（自然信息系统、环境许可证信息系统、废物数据管理系统、大气污染物空气排放数据库、水利用信息系统）建设	燃料监测登记、爱沙尼亚温室气体排放交易登记或相关产品国家登记
以色列	中央统计局，参与机构为环境、健康和建设部等	空气污染、温室气体排放、水体、废弃物和危险废物的数据，包括温室气体排放清单；关于制造业的环境支出的调查	
俄罗斯	统计局，水资源、环境监察、固定资产管理部门，自然部	大气、水资源、工业和消费废物、土地资源、生物多样性统计	
斯洛文尼亚	统计办公室、环境机构	废弃物统计、水统计、环保支出基于年度统计、自然灾害事故统计	

7.2.3 主要国家环境统计指标体系

7.2.3.1 美国环境统计指标体系

美国以 EPA 作为全国环境管理系统的最高行政机构，总体负责环境信息数据的收集、整理与加工，具体工作由环境信息办公室（Office of Environmental Information，OEI）实施开展。同时，美国通过建立跨部门的环境信息系统实现对统计数据的收集和处理发布，该系统包括环境信息管理系统及使用的工具、地理信息系统和科学调查的环境数据及其应用的工具等。总体来看，美国环境指标涉及农业化肥的使用、全球气候变化、食品农药残留、污染物和疾病、温室气体排放、湿地、土地利用对环境和人体健康的影响等方面，环境指标主要用于设计环境监测方案、空间预测、风险评估和建立环境标准。另外，环境信息（水、大气、土地等）数据库分为大气环境数据、水环境数据、杀虫剂和有毒物质防治数据、固体废物数据和紧急事故响应数据。

大气环境信息包括 AQS 和 AFS 两个系统，AQS 是指通过美国国家环保局和各州、地方单位的监测系统收集到的大气环境质量信息；AFS 是指美国国家环保局和各州、地方单位控制的污染源上报整理后的环境数据。具体指标为：CFC（氟氯化碳）消耗量、CO_2 排放量、单位居住面积 NO_x 排放量、PM_{10} 浓度、SO_2 排放量、城市 N_2O 浓度等。

水环境方面，包括河流水环境质量信息系统、全国污染物排放信息数据库、私人（自来水和井水）用水系统和安全饮用水系统等。主要指标为：地表水回收量、工业 BOD 日均排放量、溶解氧浓度、磷浓度、淡水污染量、悬浮固体量等。

杀虫剂和有毒物质的防治方面，主要包括某断面化学污染物信息，化肥和有毒物质的处理、贮存信息等，其主要指标为环境中的铅和杀虫剂信息。

固体废物方面主要包括城市废物产生量、城市废物处理成本、核废物排放量、核废物处理效率等指标。

美国和其他 OECD 国家环境信息的收集渠道与我国有一个很大的区别，即除环境保护系统本身的监测体系外，其他相关机构和个人也有义务向环境信息统计机构提供有关信息。以美国为例，这些机构和个人包括与 EPA 有合同约束的机构，与 EPA 有数据收集许可合作协议的机构，根据法令、规定、承诺、指令和其他规定须向 EPA 提交数据的机构以及其他志愿服务机构和个人。EPA 的一些项目要依赖于国家、地方部门或私人部门来收集数据并向 EPA 提供数据，还有一些项目可以由 EPA 自身来收集数据，即 EPA 自己收集现场监测所得数据。大部分提交给 EPA 的环境数据都要经过处理并储存在数据管理系统中。

7.2.3.2 德国环境统计指标体系

德国环境统计指标体系框架以欧盟环境指标为基础，环境统计调查紧紧围绕《环境统计法》进行，统计范围主要包括以下 4 个领域：固体废物、水污染控制、大气污染控制和环境经济（主要指环保投资、环保产品和服务等）。

水环境统计包括公共用水、工业用水和农业用水 3 个方面。公共用水统计的主要指标有：下水管道长度，建设时间；水的储存及蓄水池情况；污水排放流向；污水处理企业从业人员、投资情况；污水处理类型；污水处理厂覆盖人口数；年污水处理量（生活污水、生产废水、雨水）；污水来源和成分；生化处理过程中产生的污泥的处理方式。工业用水统计的主要指标有：水的来源（自备水还是公共水网）；未使用水的去向；水的用途（厂内生活用水、冷却水、生产过程用水）；是否循环使用（一次或多次）；工业废水排放去向（冷却水直接排入水域、工业废水排入污水处理厂）；废水处理方式（机械、物理/化学、生物）；农业用水统计的主要指标有：灌溉用水，未包括动物饮用水。

大气环境统计包括各种大气污染物的统计调查及破坏臭氧层和影响气候变化的大气污染物的统计调查。

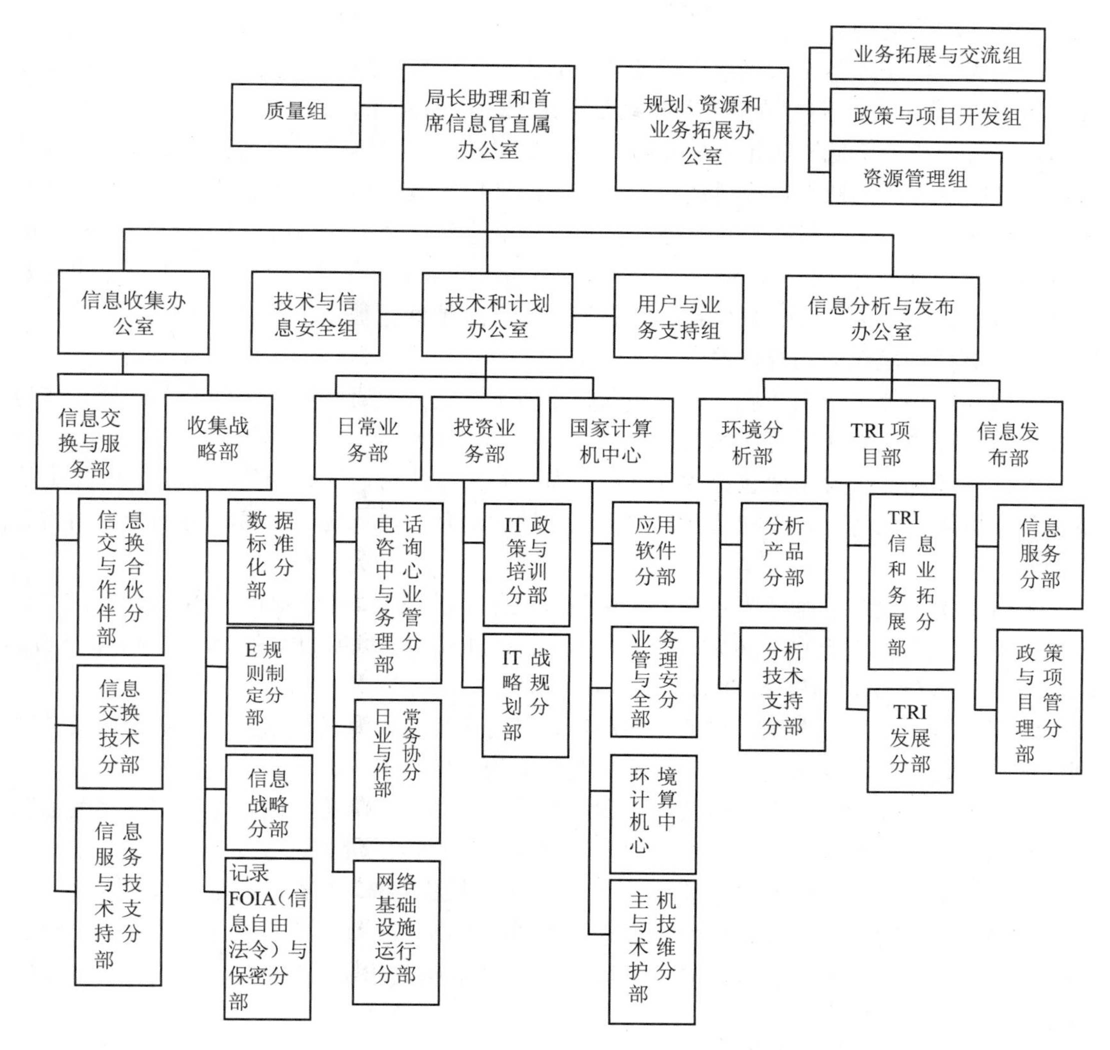

图 7-3　OEI（环境信息办公室）组织机构

固体废物统计主要针对垃圾处理厂（场）进行，因为德国的法律规定所有工业垃圾和生活垃圾均由垃圾处理厂（场）集中处理，工业垃圾按来源进行统计，建立从垃圾的产生到处理处置的全过程统计，生活垃圾产生量的信息由地方政府负责填报。

环境经济方面的统计指标包括三方面的内容：环保投资、环境保护经常性支出、环境保护产品及服务。

7.2.3.3　加拿大环境统计指标体系

加拿大环境统计工作由环境与气候变化部负责，参与机构有农业和农产品部、健康部、自然资源部、统计局。加拿大按照自然资本、自然资源流量、环保账户支出多角度构建环境统计指标体系。其中，自然资本包括能源和矿产资源、土地资源、水资源；自然资源流量包括温室气体排放、能源利用、水资源利用、金属和木材、污染排放；环保账户支出包括大气和气候保护（空气质量）、废水管理、废物管理、土壤保护与恢复、地下水和地表水的保护与恢复、噪声和振动的消除、生物多样性和地形地貌的保护、辐射的减少以及研究和开发活动的支出等。

加拿大环境统计包括大气及气候变化、环境保护、环境质量、自然资源和污染物及废弃物 5 个方面。大气及气候变化方面主要统计 CO_2、CH_4、N_2O、HFCs、SF_6 等污染物；环境保护方面指为降低和防治环境影响而采取的措施，主要包括工业企业和政府的环保投资；环境质量方面包括水环境质量和人类行为的环境影响信息，具体包括农业及工业用水调查、空气质量指标、新鲜水质指标和自来水厂调查等，其中酸雨统计包括酸雨排放总量和湖泊硫酸盐水平等。另外，城市大气质量主要统计 PM_{10} 和 $PM_{2.5}$；有毒物质统计的主要污染物为汞、苯、镉、铅、氯化物、氟化氢、镍和土地残留氮水平等。

7.2.3.4 英国环境统计指标体系

英国环境统计工作由环境、食品和农村事务部、地方政府及环保部门共同开展，参与机构还包括环境协会和研究组织。

英国环境保护统计主要包括大气质量、海岸及海运水质、气候变化（CO_2）、内陆水质及使用、臭氧损耗情况、废物及回收情况、土地使用及覆盖情况、环境辐射和野生动物等方面。

大气质量方面统计指标为各种污染物的排放量及其浓度，其分别包括 SO_2、NO_x、CO、PM_{10}、挥发性有机复合物（VOCs）、苯、NH_3、HCl 和 HCF 的排放量，NO_x、NO_2、SO_2、CO、PM_{10}、VOCs、POPs 和 B[*a*]P 等污染物的浓度。

海岸及海运水质方面统计包括海滩质量、沿海水质、入海河口水质、溶解金属及杀虫剂浓度、废弃物的海洋倾倒、原油泄漏和英国周边鱼储量等。

内陆水质及使用统计主要包括水资源、新鲜水质和酸沉降等方面，主要监测硝酸盐和磷酸盐浓度、饮用水水质、河流化学性质量和河流生物性质量等。

废弃物数据包括城镇和生活废弃物、工业和商业废弃物、其他废弃物（包括矿物、污水、进出口废弃物和交通工具废弃物）和资源回收方面。城镇和生活废弃物方面主要包括生活垃圾的组成和回收利用等；资源回收方面包括金属及非金属、铝、纸及纸板、玻璃、塑料和包装等的回收利用。

7.2.3.5 印度环境统计指标体系

印度环境统计主要由森林环境部负责，其环境统计框架主要包括 5 部分，分别为大气、水、土地/土壤、生物和人类居住环境。其环境统计框架从污染物产生的原因及对环境造成影响的主要方面进行统计。

印度环境统计中，大气环境污染的主要来源总结为 3 类，分别为各工业行业的能源消耗、发电燃煤和生活供暖，机动车使用汽油、柴油的燃烧以及化学制造业、发电行业的废气和烟尘的排放；主要统计污染物为 SO_2、NO_x、CO、HCs 等。大气污染的影响主要体现在建筑物和原料的腐蚀、破坏，土壤及动植物的影响和人体健康的伤害。

水体污染情况按城市和河流分类，从废水产生量、废水收集量和是否处理进行统计。水环境质量数据从全国 480 个水质监测点获取，监测范围主要包括 126 条河流、21 个井、33 个湖泊和 8 条运河等，统计数据以年为周期，报告不同参数的最小值、平均值和最大值。

土地方面的统计主要包括森林、非农业用地面积，空地和不能耕种的土地、永久牧场和其他草地、可耕种的废弃地、休耕地面积，盐化土地面积、播种面积。

生物和人类居住环境方面的统计主要包括人均保护区面积、人类饲养的濒危鸟类数量、人均哺乳动物数量、鱼类捕获量、濒危物种数量、人均湿地面积等。

7.2.3.6　其他国家环境统计指标体系

各国环境指标大多在国家层面上设计，多数国家采用 OECD 的 PSR 框架，一般分为全面指标和核心指标，在相关部门合作的基础上，提出针对某一专门领域的指标体系，并据此进行环境绩效评估并编写环境状况报告。

表 7-8　环境指标情况（OECD 国家）

国家	环境指标负责机构	环境指标	环境指标构建情况
日本	环境省	全球变暖、良好的物质循环社会、安全的城市空气质量、安全的环境水循环系统、降低化学品环境风险和生物多样性保护	针对每一重点环境领域设计具体指标
澳大利亚	环境、水资源、遗产与艺术保护部，统计局和水资源委员会；在相关专业领域，地区环境机构和政府机构参与指标构建	土地、海岸及海洋、大气、内陆水资源、生物多样性、人民生活、自然和文化传统	资源管理监测、评估、报告及提高框架；主要环境问题统计数据和相关信息；城市及乡村水资源绩效报告
奥地利	农业、森林、环境和水资源管理部门及相关参与机构	农业、森林、环境和水资源方面	设计环境质量目标系统，进而形成国家可持续发展的指标体系
捷克	环境部，参与机构有生态环境与信息中心、布拉格 Charles 大学环境中心	大气污染物排放方面，直接进口物质量、国内物质消耗量和物质贸易平衡	1998 年、1999 年和 2003 年大气污染物排放国家核算和 1993—2004 年进行的物质流核算
意大利	环境、国土与海洋部及其研究机构，国家统计局，地方环境保护机构	水环境统计指标、城市环境指标和压力—响应指标；覆盖农业环境、林业环境、能源环境、交通环境、旅游环境、工业环境、大气污染、生物圈、水环境、固体废物、辐射环境、噪声、自然生态、环保产业、环境监管机构、环境宣传与文化、环境健康等领域的指标与信息； 围绕环境状况、环境压力、环境影响和环境反应 4 个方面的问题开展	大体遵循由国际或欧盟承认的、统一的协议和技术规范，通过调查方式进行指标数据的统计； 大气污染指标主要是温室气体（GHG）和颗粒物（PM_{10}）方面，水环境主要关注水环境质量信息，特别是海洋环境和地下水环境，特别关注自然生态和环境健康方面的统计信息
匈牙利	环境与水资源部，参与机构有统计中心办公室、农业与农村发展部、经济与交通部	交通、能源和农业领域； 环境指标、物质流指标以及环境指标在国家和地区层面上的体现	
韩国	环境保护部	生态系统、自然资源、居住环境、环境经济、环境社会和东亚及全球环境	每年通过绩效指标对实施取得的进步进行评估

国家	环境指标负责机构	环境指标	环境指标构建情况
墨西哥	环境与自然资源部（SEMARNAT），参与机构有国家统计及地理信息机构	大气、水资源、土壤、固体及有害废弃物、生物多样性、森林资源和渔业；核心指标体系包括与最重要的环境问题和现实需要相关的15个指标	按照OECD的PSR框架，包括核心指标、部门指标、国家指标和区域性指标
荷兰	环境评估机构，统计局，排放登记机构，Wageningen大学研究中心，内陆水管理和废水处理机构，国家海岸管理局，荷兰经济事务部，SenterNovem等	空气、水及废弃物排放、肥料、杀虫剂、自然资源、土地监测使用、能源、环境保护支出和环境核算、空气质量、土壤质量、地下水水质、外部安全、辐射、噪声和生物多样性及自然与社会、海水水质、海岸湿地管理、废弃物的产生量和处理等	依预算和政策主题的指标研究工作，如环境平衡、自然平衡、环境展望、环境数据纲要
新西兰	环境保护部，参与机构有统计局、地区各级政府机构	消费、交通、能源、废弃物、空气、大气、土地、水资源、海洋和生物多样性等重要的环境领域的22个核心指标	据PSR框架，按国家显著性、相关性、易衡量统计、简单易懂、成本效率和国际可比性原则，从环境绩效评估中选择指标
挪威	环境保护部，参与机构有污染控制机构、统计局、自然资源管理机构	能源、大气污染物排放、固体废物、污水处理、渔业、森林、农业土地利用、噪声、化学物质等领域	关注环境指标、重要数字以及环境保护政策高度重视领域的国家目标
波兰	环境保护首席监察机构、环境保护部，参与机构有统计办公室		根据国际组织（EEA、OECD）环境指标经验，对每个方面的环境状况进行评估
斯洛伐克	环境部，参与机构有统计机构、水资源研究机构、州级环保机构、环保基金、地理信息机构	环境监测指标； OECD、EEA的环境指标； 生物多样性指标体系	环境统计指标着眼于国家层面； 生物多样性指标分状态指标、压力指标和响应指标三部分
西班牙	环境乡村及海运事务部，参与机构有国家统计机构	能源、原油生产、运输、农业、综合执行和环境认证系统以及公共环境支出	由环境乡村及海运事务部设计； 针对国家统计机构的调查数据的环境指标体系
瑞士	联邦环境保护办公室、联邦统计办公室	国家环境政策目标联系密切的反映国家层面的核心指标	从环境全面指标体系（按欧现行DPSIR模型设计）中选择26个核心指标

表7-9　比利时环境指标情况

地区	环境指标	出版物
Flanders	针对主要环境问题（空气污染、水质、酸沉降、废弃物和生物多样性等），根据DPSIR框架，系统收集和展示环境数据报告	环境数据报告
Wallonia	大气、水资源、废弃物和土壤污染、自然和森林、交通、能源等	
Brussels	大气、能源、气候、噪声、水资源、废弃物、自然资源、土壤污染、生物多样性、健康及环境等	
Federal	生物多样性协定、食品安全和环境等	年度环境统计纲要

表 7-10　环境指标情况（非 OECD 国家）

国家	环境指标负责机构	环境指标	环境指标构建情况
智利	国家环委会		根据 OECD 的环境绩效评估，开展环境绩效和信息分配
爱沙尼亚	环境信息中心	居住地空气、生物多样性、自然资源（水、森林、鱼虾总量，石油储备）、气候变化、臭氧耗竭、有毒污染物和废物处理等	依循 DPSIR 框架，采用更多综合的方法如综合覆盖环境方面参数及直接或间接影响环境（社会经济数据）参数从而更为全面地描述环境现状，突出与人类活动有关的环境问题
以色列	中央统计局，环境部参与	石棉、空气质量、生物多样性和开放空间、海岸管理、环境经济、能源、危险物品、海水质量、辐射、河流、可持续发展、固体废物和水	依 MEDSTAT、水体核算等项目开展；按照土地和生物多样性、空气质量、水体、废弃物和 SDIs（可持续发展指标）等专题设立
俄罗斯	俄联邦统计部门	大气、水资源、水处理、土壤保护和恢复、生物多样性和栖息地（包括森林）保护指标	关注规范和协调生态因子系统和 EECCA 国家环境指标推荐指标
斯洛文尼亚	统计办公室	重点在生产性城市废弃物、垃圾填埋城市废弃物、焚毁的城市废弃物等问题	基于年度统计结构化指标

7.2.4　主要国家可持续发展指标

为了解决经济、人口和环境的可持续发展问题，欧洲所有国家均已开展或准备开展可持续发展指标的研究、制订和发布工作，多数国家已将可持续发展定为国家战略，但各国在可持续发展研究方面存在一定的差距，有些国家如加拿大、瑞士、芬兰、新西兰和荷兰等开展可持续发展指标工作较早，已经形成了一定的研究基础，其中加拿大拥有 150 多个可持续发展指标，瑞士可持续发展指标则包含了全面指标体系和核心指标体系；另外，有些国家可持续发展指标工作还在起步阶段，如西班牙国家统计机构研究的可持续发展指标仍在实验阶段；同时，各国可持续发展报告发布频率也有一定差别，例如，荷兰五年公布一次，卢森堡、韩国两年评估一次，而加拿大每年发布一次。

表 7-11　可持续发展指标情况（主要国际组织）

组织机构	负责机构	工作情况和出版物
欧盟	欧盟环境署	支持一系列更新的度量可持续发展战略进程的指标
联合国欧洲经济委员会	UNECE 欧洲统计协商会（CES）	形成一个广泛的度量可持续发展的概念性框架，该框架在国家和国际政府设计可持续发展指标集和形成该方面官方统计报告方面提供帮助；出版物为 UNECE/OECD/Eurostat 联合工作组的可持续发展统计
联合国环境规划署/早期预警和评价部	SCOPE、查尔斯大学、EEA、IHDP	《可持续性指标评估（ASI）》

表 7-12 可持续发展指标情况（OECD 国家）

国家	负责机构	工作情况和出版物
美国	美国总统可持续发展理事会	在诸多可持续发展原则中，把“必须增加工作职位，生产能力，薪金，获取信息、知识和教育的机会，同时减少环境污染、废弃物和贫困”放在第一位，说明可持续发展的首要问题还是经济发展，达到经济、社会和环境的共同目标需要完善综合调控的政策，可持续发展必须依靠科技进步
澳大利亚	环境、水资源、遗产与艺术保护部，统计局，参与机构有地区政府机构	《澳大利亚进步性测量：概括性指标》在自然地形、空气和大气以及海洋和河口环境 3 个方面测度环境进步
加拿大	环境部、健康部、统计局，参与机构有加拿大农业和农产品部	环境部、统计局和健康部合作开发并跟踪研究加拿大重要环境问题的指标体系，每年公布一次，目的是更好地了解经济、环境和人类健康及居住环境间的关系，关注的重点有空气质量、温室气体排放和新鲜水水质方面的问题，该指标体系对传统的社会及经济核算（如 GDP）进行了补充
芬兰	环境部及其机构，参与机构有统计局、国家财富和健康研究与发展中心、政府经济研究机构	芬兰可持续发展指标体系工作最早从 2000 年开始，在 2002 年和 2003 年分别对该体系进行了修订，2006 年制定了最新可持续发展国家战略，该战略指标体系通过 34 个指标对可持续发展的进步进行监测和评估
比利时	联邦规划局	比利时联邦规划局设计的持续发展指标包括 44 个具体指标，这些指标被用来描述可持续发展现状和检验可持续发展政策的实施情况
奥地利	农业、森林和水资源管理部，参与机构有统计局、公共法律下的联邦机构、所有部门的可持续发展协会	奥地利可持续发展指标报告
捷克	可持续发展政府委员会，参与机构有环境信息机构、布拉格 Charles 大学环境中心	可持续发展政府委员会定期举行可持续发展指标工作组会议和可持续发展战略委员会工作，并参与欧盟可持续发展新指标体系工作；其主要报告有捷克可持续发展战略实施情况第二阶段评估报告、地区可持续发展指标报告、捷克健康城市可持续发展报告
匈牙利	统计中心办公室，参与机构有环境与水资源部、农业与农村发展部、经济与交通部	应用欧盟的方法开发国家层面的可持续发展指标
意大利	国家统计局，参与机构有环境保护和研究机构	意大利环境可持续发展战略确定了 150 多个指标，包括实物量数据、社会数据、综合信息（如生态足迹和绿色 GDP）；环境保护和研究机构提出用可持续发展指标用来检验国家可持续发展政策，其指标涉及气候变化、交通、公共健康和自然资源管理 4 个方面
韩国	环境保护部，参与机构有国家统计办公室、韩国银行	国家可持续发展战略包括 77 个指标，指标按社会、环境和经济 3 个部门分类，部门下进行主题和子主题的分类，指标评估每两年评估一次，根据评估结果对国家可持续发展战略进行补充和修改
卢森堡	环境保护部，参与机构有国家统计机构	可持续发展法律中指出新的可持续发展指标体系将会在可持续发展委员会的帮助下完成，法律规定每两年发布一份关于卢森堡可持续发展状况的指标报告

国家	负责机构	工作情况和出版物
墨西哥	国家统计及地理信息机构，参与机构有环境与自然资源部（Semarnat）	2000 年出版了《墨西哥可持续发展指标》，2006 年开展的拉丁美洲及加勒比海地区可持续发展行动包括 35 个与墨西哥环境、经济、社会和制度特点有关的方面
英国	国家统计办公室，参与机构有环境、食品和农村事务部，其他政府部门	可持续发展指标年度报告（纸质版和网络版）、地区可持续发展指标（网络版）、国际可比性环境指标报告（网络版）
西班牙	国家统计机构	目前，国家统计机构研究的可持续发展指标仍在实验阶段，国家统计机构参加欧洲可持续发展指标的研究工作与西班牙环境统计项目同时进行，另外西班牙统计机构与可持续发展机构合作，公共执行机构和学术界参与，共同出版了可持续发展报告。同时，西班牙可持续发展战略在专业指标报告的基础上建立了一个监测系统
荷兰	统计局，参与机构有内陆水管理和废水处理机构	五年一次的可持续发展报告、可持续发展调查
新西兰	环境部、社会发展部、经济发展部、财政部和国际事务部、Crown 研究机构	新西兰环境可持续发展指标报告从 2002 年开始出版，由多个政府部门共同完成的“监测进步”报告是新西兰可持续发展指标的开端。在 2006—2008 年新西兰统计局参与了国际可持续发展统计工作组，该工作组的目的是针对国际可持续发展评估开展调查，开发评估框架并提出可用于国际比较的指标体系
挪威	统计局	2005 年由挪威统计局领导的专家协会提出了可持续发展国家指标体系，该指标在挪威统计局的杂志上公布，同时也在挪威财政部出版的《国家预算》中公布，挪威统计局按年公布最新指标
斯洛伐克	统计办公室，参与机构有环境部	斯洛伐克核准并采取国家可持续发展战略，并为可持续发展指标的实施和发展提供条件
瑞士	联邦统计办公室、环境办公室和空间发展办公室、经济事务秘书处	建立了可持续发展监测指标体系，该指标体系包括全面指标、17 个核心指标和可持续发展的基本条件；主要报告有瑞士生态环境足迹报告，该项研究的首要目的是进行国际数据基础上足迹研究与瑞士官方统计数据基础上足迹研究之间的比较

表 7-13　可持续发展指标情况（非 OECD 国家）

国家	负责机构	工作情况和出版物
智利	环境委员会、经济发展局、铜业委员会	国家和地区层面先行，在各区设计可控数量（10～15 个）指标加以监测，优先监测与国际报告相关的指标
俄罗斯	环境与自然资源保护部门、联邦统计服务局等机构	依联合国可持续发展委员会的环境状况指标调查，主要包括：臭氧消耗、城市居住区空气质量、温室气体排放、清洁水引入、河水中 BOD 和氨氮积聚量、森林及其他木材用地、矿物和有机肥料处理、旅客周转量、废物产生处理及循环利用
爱沙尼亚	国家总理战略局、统计局	过去十年发布了 3 份基于联合国可持续发展委员会的可持续发展指标书，这些分析性的出版物列举了超过 60 项社会、环境、经济和制度指标，包括社会公平、健康、教育、居住环境、安全、福利、大气、土地利用、海岸带、淡水、生物多样性、经济结构、消费和生产模式、环境经济等领域；其中，《可持续发展爱沙尼亚 21 世纪》和基于联合国可持续发展委员会的可持续发展指标书是主要出版物

国家	负责机构	工作情况和出版物
以色列	中央统计局、环境部和耶路撒冷以色列研究学院	中央统计局发布的指标包括：沿海地区人口密度、森林面积、城市化、人均 CO_2 排放、山区地表水和沿海地下水盐度、汽车使用率、人均能耗、濒危脊椎物种、温室气体排放、GDP 外债率、人类发展指数
斯洛文尼亚	统计办公室	可持续发展指标手册

7.2.5 OECD 农业环境指标体系

OECD 农业环境指标项目在 OECD 成员国的密切配合下实施。由于这是一项互惠互利的工作，各国为了指标的制订都做了大量研究工作，包括方法论研究和收集相关数据。虽然本项目的成本较高，但是它产出了一组非常有用的工具，利用这些工具可以对农业环境绩效和政策效果进行连续跟踪和评价。

OECD 仍然使用驱动力—状态—响应模型（DSR）作为农业环境指标的组织框架，在此框架下，大多数 OECD 国家都建立了较完整的农业环境指标，主要包括农业环境和经济发展情况以及农业环境绩效水平两大类指标，其中前者包括农业用地占国土面积的比例、农业用水比例、农业能源消耗量比例、农业氨排放比例、农业温室气体排放比例、农业增加值占 GDP 比例、从事农业的人员比例；后者包括农业产值、农业用地面积、农业氮平衡、农业磷平衡、农业杀虫剂使用量、农业能源消耗量、农业用水量、农业灌溉用水量、农业氨排放量和农业温室气体排放量。此外，各国还根据本国的农业生产特点和工作基础开发了本国的其他农业环境指标。

表 7-14 各国的农业环境指标

国家/地区	指标
澳大利亚	国家土地管理会员占全国农民总数的百分比
	每年棉花田杀虫剂的使用量
奥地利	农业用地变化：无投入农业用地、有机农业用地、水土保持农业用地面积的变化
	农业温室气体排放：畜牧业排放温室气体量，农业排放甲烷量，种植业排放温室气体量，燃烧燃料排放二氧化碳量
比利时	杀虫剂的使用总量：农业使用量，耕地使用量，园艺使用量，非农业使用量
	温室气体的排放和吸收：能源，溶剂及其他产品使用，工业过程，农业，土地利用类型改变及造林，固费
加拿大	土壤中有机碳含量发生变化的农田比例：[小于–50 kg/（hm^2·a）]显著减少；[–10～–50 kg/（hm^2·a）]平缓减少；[–10～10 kg/（hm^2·a）]变化不大；[10～50 kg/（hm^2·a）]平缓增加；[大于 50 kg/（hm^2·a）]显著增加
	不同野生生境容量变化级别的农田比例：20 年（1981—2001 年）的变化趋势，10 年（1991—2001 年）的变化趋势
捷克	硝酸盐含量超过地表水标准的水样比例
	鹌鹑种群数量的监测值
丹麦	饮用地下水中出现杀虫剂的监测点比例
	草甸、干草地、树丛、沼泽及湿地的面积比例

国家/地区	指标
芬兰	Paimionjoki 河的氮通量和农业氮富集量：含氮量，氮富集量
	农田三类蝴蝶种群数量的变化趋势：草地种类，湖边种类，森林边缘种类
法国	环保农业关键指标变化趋势：杀虫剂的使用，农业氨使用，永久牧场面积，农田内鸟类的数量，草地磷富集量，草地氮富集量，总用水量，农产品产量
德国	实施有机农业管理的农场数量和 UAA（使用农业区域面积）的份额比较：农场比例，UAA 比例
	可再生物质作物和能源作物面积占整个农业面积的比例：可再生物质作物比例，可再生能源作物比例
希腊	灌溉面积和灌溉用水利用率的年际变化：灌溉面积，灌溉用水利用率
	入侵种、野生种和杂交种：希腊基因库中迁地保护野生和杂交的植物品种，希腊基因库中受到保护的植物资源
匈牙利	不同程度水蚀的农田面积的年际变化：严重侵蚀（大于 33 $t/hm^2 \cdot a$），可接受侵蚀（小于 6 $t/hm^2 \cdot a$），中度侵蚀（1～21.9 $t/hm^2 \cdot a$），较小侵蚀（6～10.9 $t/hm^2 \cdot a$），较大侵蚀（22.0～32.9 $t/hm^2 \cdot a$）
	农业计划援助和申请援助数量的年际变化：援助资金数目，申请援助数量
冰岛	造林面积年际变化：1990 年以来累计面积，年均增加的造林面积
	湿地恢复面积年际变化：1996 年以来累计面积，年均增加的恢复湿地面积
爱尔兰	河流水质变化：未污染，轻度污染，中度污染，重度污染
	农田关键鸟类种群变化：槲鸫，野鸽，云雀，知更鸟，鹪鹩，红雀，红腹灰雀，金翅雀
意大利	土壤侵蚀风险：不同侵蚀风险级别的国土面积
	1990—2000 年农业土地面积的区域性变化：南部，中部，北部，全境
日本	农业持水能力年际变化：农业总面积，水稻面积，农业持水能力，水稻持水能力
	注重环境保护的农民比例年际变化：注重环境保护的农民比例
韩国	土壤组成年际变化：有机物，土壤有机碳
	农业持水能力年际变化：农业总面积，水稻面积，农业持水能力，水稻持水能力
卢森堡	河流取样站点的氮磷浓度：氮、磷平均浓度
	农业环境保护计划实施面积：生物多样性保护面积，农业环境保护面积，有机农业面积
墨西哥	农业环境保护关键指标年变化：农业面积、用水量，总用水量，农产品产量，杀虫剂使用量，磷、氮富集量，农业直接能源消耗
荷兰	农村地表水和农业积水区的氮磷年均浓度年际变化：农村地表水氮磷含量，农业积水区氮磷含量
	农田鸟类种群年际变化：鹡鸰，草地鹨，红脚鹬，田凫，云雀，黑尾豫，蛎鹬
新西兰	2004 年各部门杀虫剂使用情况：每年每公顷有效成分，各部门使用比例
	出产每升牛奶的奶牛脏气（甲烷）排放量年际变化
挪威	杀虫剂有效成分年际变化：除草剂，杀真菌剂，杀虫剂，其他添加剂，有效成分
	农业土地变化：变化面积，变化比例
波兰	处于侵蚀风险的农田和林地面积：1995 年，2005 年
	农田鸟类种群指数年际变化：欧盟 15 国，波兰
葡萄牙	2006 年现有保护计划下当地饲养品种的数量：当地的品种数量，目前保护的品种数量
	土地利用和国家保护区的关系：陆地面积，国家保护区域面积，国家保护区域面积比例，国家保护区域类型面积比例

国家/地区	指标
斯洛伐克	农业甲烷和 N_2O 排放量年际变化：农业甲烷排放量，农业 N_2O 排放量
	2003 年农业用地占不同类型保护区域的比例：农业用地，其他用地
西班牙	有机农业面积年际变化：有机农业面积，有机农业面积比例
	5 个区域 Dehesa 的面积比例：总面积，Dehesa 的面积
瑞典	耕地根部区域年营养流失量：流失量
	耕作措施特点的年际变化（不同栽培特点的面积和数量百分比）：线状设施（石头围墙，沟渠等），点状设施（清除堆石，修剪）
瑞士	对农业半自然生境的资金支持年际变化：对半自然生境的资金支持，对具有很高生态价值的半自然生境的资金支持
	农业系统中氮、磷、能量利用效率年际变化：氮、磷、能量利用效率
土耳其	农业环境关键因子年际变化：灌溉用水利用率，农业面积，总用水量，农业保护量
	农业环境关键因子年际变化：杀虫剂使用量（有效成分），能量消耗，总氮富集量，总磷富集量
英国	农业环境变化趋势：产出量，甲烷排放量，农田鸟类，氨排放，化肥施用量
	温室气体排放趋势和预测：非农业甲烷排放量，非农业氮氧化物排放量，农业甲烷排放量，农业氮氧化物排放量
美国	农业环境变化趋势：水蚀，风蚀
	非联邦政府的地域内沼泽与河口湿地变化：总损失量，总获得量，净变化量
欧盟	农业环境变化趋势：产出量，农业氮元素盈余，农业磷元素盈余，农业杀虫剂的使用量，直接作用于农业的能源消耗
	农业环境变化趋势：氨排放量，温室气体排放量，农田鸟类，氨排放量，永久牧场面积，农艺面积，可耕作永久农田面积

7.3 国外环境统计对我国的启示

7.3.1 环境信息数据涉及广泛，数据收集和信息发布技术先进

环境信息数据涉及的环境领域有大气污染、水资源、废弃物管理、土壤污染、自然资源管理和生物多样性、能源、交通和环境保护支出等方面。大多数国家的环境信息工作基本都由各国环境部门协同国家统计部门和相关农业、渔业、林业、海洋等部门及其调查中心共同完成，部分国家由统计部门主导。

数据收集方面，各国通过建立国家或区域的环境监测网络收集环境质量数据，定期对环境信息数据进行补充、参数测定和环境状况评估，监测项目包含多个环境方面，例如瑞士的环境监测包括地下水质量监测、国家水环境监测、土壤监测和森林监测等。在环境数据中，环境质量和工业企业排放数据主要通过监测网络获得；污染物总量数据主要通过核算获得；环境保护支出数据在专项调查的基础上计算获得，环境费税和环保投资通过调查获得，环保投资主要统计末端治理投资。近年来随着地理信息技术的发展，遥感等新技术作为辅助技术逐渐在环境资源信息系统中得到广泛应用，在污染源、水资源、矿产、土地、森林、生物多样性等环境资源调查核算中，发挥了重要作用。以加拿大土地资源核算为例，

基础数据主要来自于 5 年一次的全国土地情况调查和 5 年更新一次的地理信息系统。

同时，国外环境数据来源渠道多样，部门间信息共享以及信息公开机制也较完备。例如，加拿大水资源核算需要 5 个方面的基础数据：①加拿大自然资源部的国家遥感中心资料和国家地理数据资料；②加拿大环境部气象服务、水文调查、地方水资源使用、水文研究中心和淡水研究协会等部门的数据资料；③加拿大内阁环境委员会的资料；④地方政府行政记录；⑤加拿大统计局的人口普查、农业统计和地理统计等数据以及环境统计与核算处新开展的调查。以上数据部门间可以共享，非国家机密数据公众可以查询使用。

7.3.2 各国重视环境指标工作，不断完善环境指标体系

目前多数国家依据 OECD 提出的压力—状态—响应（PSR）框架或驱动力—压力—状态—影响—响应（DPSIR）设计国家或区域层次上的环境指标。其中，OECD 在环境指标领域长期保持国际领先地位，它制定并发布了第一个国际环境指标体系，并将该体系运用到国家环境绩效评估和其他政策分析工作中。长期以来，OECD 一直是其成员国在污染、自然资源、能源、交通、工业与农业等方面环境数据和指标的权威来源。这些数据为制订环境计划工作提供了强有力的量化依据，同时它还在其成员国的支持下，不断完善并拓宽环境指标体系，并开展环境数据的政策应用研究。

OECD 成员国环境信息的涉及领域广泛，包括能源消耗、交通、废弃物、空气、土地、水资源、海洋和生物多样性等。为全面反映环境状况，建立了全面环境指标体系（Core Environmental Indicators）。例如，瑞士的全面指标共有 250～300 个，新西兰的环境绩效评估指标有 166 个。

德国值得借鉴的做法是计算并发布环境综合指数（DUX）。2002 年德国环境部第一次计算了 DUX 综合指数，用一个数据来反映德国环境保护的发展趋势，以具有德国环境晴雨表作用的单个指标为基础构建。这些基础指标涉及气候、大气、土地、水、能源、原材料 6 个领域，每个领域选用不同的指标来反映，每个指标都有一个未来规划目标。作为一个非常重要的指标，DUX 可以用来监督环境政策的实施情况，使环境目标的确定具有更强的约束力。

7.3.3 各国重视数据库建设，保障全面可靠的数据来源

环境信息及其相关信息涉及经济、社会、环境的多个领域，为获得翔实、准确的环境信息，各主要国际机构和大部分国家都纷纷通过数据库的建设，达到高效、优质生产和使用各类环境信息数据的目的，从而保障环境信息的可靠性。

美国、日本等国家分别按照各自需要，灵活建立各有侧重的数据库系统，以提高环境信息建设，这些数据库多以动态监测数据为依托，通过年度更新、网络共享、实时传播、面向公众等多种形式，实现环境信息的有效利用。各数据库系统往往采用与地理信息相结合等多种手段，直观、生动地体现环境信息的空间分布情况，如美国 EPA 网站包含有关环境大气质量、大气污染物排放、饮用水水质、水污染物排放、流域及近海海域水质、危险废物、有毒物质排放等多种数据库，并以图表或环境地图的简明形式向用户提供所需信息；捷克环境信息门户项目不仅进行环境信息的集中发布，还提供环境指标、地图信息、统计和元信息。此外，部分国家建立有有针对性的专项数据库系统，如意大利应用主要空

气污染物监测点的在线监测系统收集数据建立 BRACE 数据库；新西兰环境部依据土地使用和碳分析系统（LUCAS）绘制 2007—2008 年的卫星地图和土地使用分类建立土地覆盖数据库；爱沙尼亚的燃料监测登记、温室气体排放交易登记等非环境登记系统的数据库系统；斯洛文尼亚针对环境指标的 SI-Stat 数据库等。

7.3.4 各国在环境核算方面均有一定基础，大多涉及物质流核算

总体来看，OECD 国家普遍注重环境资源账户、特别是实物量账户的开发和应用，各国均结合本国特点着手建立本国的环境核算体系，目前应用较多的具有代表性的核算体系有以荷兰和挪威为代表的 NAMENA 账户体系，以及以德国、韩国为代表的 SEEA 账户体系，此外，还有欧盟提出的环境经济信息收集系统（SERIEE）账户体系。环境核算研究基础较好的国家针对专门的环境主题进行核算。例如，加拿大开展的环境核算涉及自然资源容量和国家财富、各部门的能源、自然资源和废弃物等方面的核算；意大利开展环境保护支出、森林综合环境和经济及地下资产核算；瑞士建立了经济账户核算、实物账户核算和综合性核算的环境核算系统。美国早在 20 世纪 90 年代就开始编制污染排放账户，90 年代初期建立了综合经济与环境卫星账户。尽管由于国会的反对，自 1995 年起未再进行官方的资源环境经济核算，但相关工作并未停止，资源环境部门对自然与环境资源的定义与范围方面做了更多的细分，美国 EPA 特别针对污染防治及污染数量建立了完备的数据库，可随时提供编算国民经济或其他政策分析的需要。美国是目前环境政策和经济分析领域较先进的国家，相关数据得到了充分应用。

目前，以 OECD 为代表的国际组织十分重视物质流核算，编写了物质流与资源生产力统计核算指南、核算框架与国家行动清单三册丛书，设计了国家和国际两级物质流和物质流分析指标，建立了基础数据库。部分国家开展了包括经济范围内的国内物质消耗方面的物质流指标以及国内物质输入和物质贸易平衡的试验性计算，主要代表国家有德国、日本、意大利、韩国、挪威和奥地利等。

7.3.5 专项调查与总量核算结合，污染物排放数据多基于核算获得

国际环境统计采用专项调查与总量核算相结合的方法开展，污染物产生、处理和排放量多基于核算体系获得。以挪威、德国和荷兰为代表的欧洲国家主要基于 NAMENA（包含环境账户的国家核算矩阵，National Accounting Matrix including Environmental Accounts）和 SEEA（综合环境经济核算体系，integrated System of Environmental and Economic Accounting）核算体系来构建本国的资源环境账户。OECD 国家对于固体废物的统计核算工作非常重视，定期开展住户和工业垃圾专项调查，有些建立了年报统计制度，在调查的基础上对废物来源、处理和排放的整个物质流过程进行全面核算。与大气和固体废物的统计工作相比，国外关于废水的统计相对滞后，这可能与废水核算的难度更大有关。国外对废水的统计主要集中于污水处理企业，统计氮、磷、有机物和污泥等指标。在 NAMENA 账户中，主要关注氮、磷两项指标，最终通过“富营养化”指标来反映水环境负荷，即以营养物当量为计算单位，磷和氮的转换系数分别为 10 和 1。在已经建立的水资源核算体系中，水存量账户一般利用流量数据建模估算得到，流量数据主要利用地方用水调查和行业用水调查获得，未调查行业通过建立模型来估算。

7.3.6　各国重视环境可持续发展的研究和应用

目前多数国家依据 OECD 提出的压力—状态—响应（PSR）框架或驱动力—压力—状态—影响—响应（DPSIR）设计国家或区域层次上的环境指标。OECD 成员国环境信息的涉及领域广泛，其中可持续发展指标是各国环境指标工作的主要发展方向，多数国家已将可持续发展定为国家战略，如芬兰从 2000 年开始可持续发展指标工作，意大利可持续发展战略确定了 150 多个指标，韩国的可持续发展战略提出了 77 个指标；西班牙、匈牙利等国家的可持续发展指标工作也已经起步。

联合国欧洲经济委员会欧洲统计会议制定了一个可以度量可持续发展情况的广义上的概念性框架，即《UNECE/ OECD/Eurostat 联合工作组在衡量可持续发展情况方面的统计报告》，该框架对于各国政府和国际组织设计可持续发展指标集和形成官方统计报告提供了帮助。

附录

附录 1　中华人民共和国统计法（2009 年修订）

中华人民共和国统计法

（全国人民代表大会常务委员会
中华人民共和国主席令第十五号）

（1983 年 12 月 8 日第六届全国人民代表大会常务委员会第三次会议通过　根据 1996 年 5 月 15 日第八届全国人民代表大会常务委员会第十九次会议《关于修改〈中华人民共和国统计法〉的决定》修正 2009 年 6 月 27 日第十一届全国人民代表大会常务委员会第九次会议修订）

第一章　总则

第一条　为了科学、有效地组织统计工作，保障统计资料的真实性、准确性、完整性和及时性，发挥统计在了解国情国力、服务经济社会发展中的重要作用，促进社会主义现代化建设事业发展，制定本法。

第二条　本法适用于各级人民政府、县级以上人民政府统计机构和有关部门组织实施的统计活动。

统计的基本任务是对经济社会发展情况进行统计调查、统计分析，提供统计资料和统计咨询意见，实行统计监督。

第三条　国家建立集中统一的统计系统，实行统一领导、分级负责的统计管理体制。

第四条　国务院和地方各级人民政府、各有关部门应当加强对统计工作的组织领导，为统计工作提供必要的保障。

第五条　国家加强统计科学研究，健全科学的统计指标体系，不断改进统计调查方法，提高统计的科学性。

国家有计划地加强统计信息化建设，推进统计信息搜集、处理、传输、共享、存储技术和统计数据库体系的现代化。

第六条　统计机构和统计人员依照本法规定独立行使统计调查、统计报告、统计监督的职权，不受侵犯。

地方各级人民政府、政府统计机构和有关部门以及各单位的负责人，不得自行修改统计机构和统计人员依法搜集、整理的统计资料，不得以任何方式要求统计机构、统计人员及其他机构、人员伪造、篡改统计资料，不得对依法履行职责或者拒绝、抵制统计违法行为的统计人员打击报复。

第七条　国家机关、企业事业单位和其他组织以及个体工商户和个人等统计调查对象，必须依照本法和国家有关规定，真实、准确、完整、及时地提供统计调查所需的资料，不得提供不真实或者不完整的统计资料，不得迟报、拒报统计资料。

第八条 统计工作应当接受社会公众的监督。任何单位和个人有权检举统计中弄虚作假等违法行为。对检举有功的单位和个人应当给予表彰和奖励。

第九条 统计机构和统计人员对在统计工作中知悉的国家秘密、商业秘密和个人信息，应当予以保密。

第十条 任何单位和个人不得利用虚假统计资料骗取荣誉称号、物质利益或者职务晋升。

第二章 统计调查管理

第十一条 统计调查项目包括国家统计调查项目、部门统计调查项目和地方统计调查项目。

国家统计调查项目是指全国性基本情况的统计调查项目。部门统计调查项目是指国务院有关部门的专业性统计调查项目。地方统计调查项目是指县级以上地方人民政府及其部门的地方性统计调查项目。

国家统计调查项目、部门统计调查项目、地方统计调查项目应当明确分工，互相衔接，不得重复。

第十二条 国家统计调查项目由国家统计局制定，或者由国家统计局和国务院有关部门共同制定，报国务院备案；重大的国家统计调查项目报国务院审批。

部门统计调查项目由国务院有关部门制定。统计调查对象属于本部门管辖系统的，报国家统计局备案；统计调查对象超出本部门管辖系统的，报国家统计局审批。

地方统计调查项目由县级以上地方人民政府统计机构和有关部门分别制定或者共同制定。其中，由省级人民政府统计机构单独制定或者和有关部门共同制定的，报国家统计局审批；由省级以下人民政府统计机构单独制定或者和有关部门共同制定的，报省级人民政府统计机构审批；由县级以上地方人民政府有关部门制定的，报本级人民政府统计机构审批。

第十三条 统计调查项目的审批机关应当对调查项目的必要性、可行性、科学性进行审查，对符合法定条件的，作出予以批准的书面决定，并公布；对不符合法定条件的，作出不予批准的书面决定，并说明理由。

第十四条 制定统计调查项目，应当同时制定该项目的统计调查制度，并依照本法第十二条的规定一并报经审批或者备案。

统计调查制度应当对调查目的、调查内容、调查方法、调查对象、调查组织方式、调查表式、统计资料的报送和公布等作出规定。

统计调查应当按照统计调查制度组织实施。变更统计调查制度的内容，应当报经原审批机关批准或者原备案机关备案。

第十五条 统计调查表应当标明表号、制定机关、批准或者备案文号、有效期限等标志。

对未标明前款规定的标志或者超过有效期限的统计调查表，统计调查对象有权拒绝填报；县级以上人民政府统计机构应当依法责令停止有关统计调查活动。

第十六条 搜集、整理统计资料，应当以周期性普查为基础，以经常性抽样调查为主体，综合运用全面调查、重点调查等方法，并充分利用行政记录等资料。

重大国情国力普查由国务院统一领导，国务院和地方人民政府组织统计机构和有关部门共同实施。

第十七条 国家制定统一的统计标准，保障统计调查采用的指标涵义、计算方法、分类目录、调查表式和统计编码等的标准化。

国家统计标准由国家统计局制定，或者由国家统计局和国务院标准化主管部门共同制定。

国务院有关部门可以制定补充性的部门统计标准，报国家统计局审批。部门统计标准不得与国家统计标准相抵触。

第十八条 县级以上人民政府统计机构根据统计任务的需要，可以在统计调查对象中推广使用计算机网络报送统计资料。

第十九条 县级以上人民政府应当将统计工作所需经费列入财政预算。

重大国情国力普查所需经费，由国务院和地方人民政府共同负担，列入相应年度的财政预算，按时拨付，确保到位。

第三章 统计资料的管理和公布

第二十条 县级以上人民政府统计机构和有关部门以及乡、镇人民政府，应当按照国家有关规定建立统计资料的保存、管理制度，建立健全统计信息共享机制。

第二十一条 国家机关、企业事业单位和其他组织等统计调查对象，应当按照国家有关规定设置原始记录、统计台账，建立健全统计资料的审核、签署、交接、归档等管理制度。

统计资料的审核、签署人员应当对其审核、签署的统计资料的真实性、准确性和完整性负责。

第二十二条 县级以上人民政府有关部门应当及时向本级人民政府统计机构提供统计所需的行政记录资料和国民经济核算所需的财务资料、财政资料及其他资料，并按照统计调查制度的规定及时向本级人民政府统计机构报送其组织实施统计调查取得的有关资料。

县级以上人民政府统计机构应当及时向本级人民政府有关部门提供有关统计资料。

第二十三条 县级以上人民政府统计机构按照国家有关规定，定期公布统计资料。

国家统计数据以国家统计局公布的数据为准。

第二十四条 县级以上人民政府有关部门统计调查取得的统计资料，由本部门按照国家有关规定公布。

第二十五条 统计调查中获得的能够识别或者推断单个统计调查对象身份的资料，任何单位和个人不得对外提供、泄露，不得用于统计以外的目的。

第二十六条 县级以上人民政府统计机构和有关部门统计调查取得的统计资料，除依法应当保密的外，应当及时公开，供社会公众查询。

第四章 统计机构和统计人员

第二十七条 国务院设立国家统计局，依法组织领导和协调全国的统计工作。

国家统计局根据工作需要设立的派出调查机构，承担国家统计局布置的统计调查等任务。

县级以上地方人民政府设立独立的统计机构，乡、镇人民政府设置统计工作岗位，配备专职或者兼职统计人员，依法管理、开展统计工作，实施统计调查。

第二十八条 县级以上人民政府有关部门根据统计任务的需要设立统计机构，或者在有关机构中设置统计人员，并指定统计负责人，依法组织、管理本部门职责范围内的统计工作，实施统计调查，在统计业务上受本级人民政府统计机构的指导。

第二十九条 统计机构、统计人员应当依法履行职责，如实搜集、报送统计资料，不得伪造、篡改统计资料，不得以任何方式要求任何单位和个人提供不真实的统计资料，不得有其他违反本法规定的行为。

统计人员应当坚持实事求是，恪守职业道德，对其负责搜集、审核、录入的统计资料与统计调查对象报送的统计资料的一致性负责。

第三十条 统计人员进行统计调查时，有权就与统计有关的问题询问有关人员，要求其如实提供有关情况、资料并改正不真实、不准确的资料。

统计人员进行统计调查时，应当出示县级以上人民政府统计机构或者有关部门颁发的工作证件；未出示的，统计调查对象有权拒绝调查。

第三十一条 国家实行统计专业技术职务资格考试、评聘制度，提高统计人员的专业素质，保障统计队伍的稳定性。

统计人员应当具备与其从事的统计工作相适应的专业知识和业务能力。

县级以上人民政府统计机构和有关部门应当加强对统计人员的专业培训和职业道德教育。

第五章 监督检查

第三十二条 县级以上人民政府及其监察机关对下级人民政府、本级人民政府统计机构和有关部门执行本法的情况，实施监督。

第三十三条 国家统计局组织管理全国统计工作的监督检查，查处重大统计违法行为。

县级以上地方人民政府统计机构依法查处本行政区域内发生的统计违法行为。但是，国家统计局派出的调查机构组织实施的统计调查活动中发生的统计违法行为，由组织实施该项统计调查的调查机构负责查处。

法律、行政法规对有关部门查处统计违法行为另有规定的，从其规定。

第三十四条 县级以上人民政府有关部门应当积极协助本级人民政府统计机构查处统计违法行为，及时向本级人民政府统计机构移送有关统计违法案件材料。

第三十五条 县级以上人民政府统计机构在调查统计违法行为或者核查统计数据时，有权采取下列措施：

（一）发出统计检查查询书，向检查对象查询有关事项；

（二）要求检查对象提供有关原始记录和凭证、统计台账、统计调查表、会计资料及其他相关证明和资料；

（三）就与检查有关的事项询问有关人员；

（四）进入检查对象的业务场所和统计数据处理信息系统进行检查、核对；

（五）经本机构负责人批准，登记保存检查对象的有关原始记录和凭证、统计台账、统计调查表、会计资料及其他相关证明和资料；

（六）对与检查事项有关的情况和资料进行记录、录音、录像、照相和复制。

县级以上人民政府统计机构进行监督检查时，监督检查人员不得少于二人，并应当出示执法证件；未出示的，有关单位和个人有权拒绝检查。

第三十六条 县级以上人民政府统计机构履行监督检查职责时，有关单位和个人应当如实反映情况，提供相关证明和资料，不得拒绝、阻碍检查，不得转移、隐匿、篡改、毁弃原始记录和凭证、统计台账、统计调查表、会计资料及其他相关证明和资料。

第六章 法律责任

第三十七条 地方人民政府、政府统计机构或者有关部门、单位的负责人有下列行为之一的，由任免机关或者监察机关依法给予处分，并由县级以上人民政府统计机构予以通报：

（一）自行修改统计资料、编造虚假统计数据的；

（二）要求统计机构、统计人员或者其他机构、人员伪造、篡改统计资料的；

（三）对依法履行职责或者拒绝、抵制统计违法行为的统计人员打击报复的；

（四）对本地方、本部门、本单位发生的严重统计违法行为失察的。

第三十八条 县级以上人民政府统计机构或者有关部门在组织实施统计调查活动中有下列行为之一的，由本级人民政府、上级人民政府统计机构或者本级人民政府统计机构责令改正，予以通报；对直接负责的主管人员和其他直接责任人员，由任免机关或者监察机关依法给予处分：

（一）未经批准擅自组织实施统计调查的；

（二）未经批准擅自变更统计调查制度的内容的；

（三）伪造、篡改统计资料的；

（四）要求统计调查对象或者其他机构、人员提供不真实的统计资料的；

（五）未按照统计调查制度的规定报送有关资料的。

统计人员有前款第三项至第五项所列行为之一的，责令改正，依法给予处分。

第三十九条 县级以上人民政府统计机构或者有关部门有下列行为之一的，对直接负责的主管人员和其他直接责任人员由任免机关或者监察机关依法给予处分：

（一）违法公布统计资料的；

（二）泄露统计调查对象的商业秘密、个人信息或者提供、泄露在统计调查中获得的能够识别或者推断单个统计调查对象身份的资料的；

（三）违反国家有关规定，造成统计资料毁损、灭失的。

统计人员有前款所列行为之一的，依法给予处分。

第四十条 统计机构、统计人员泄露国家秘密的，依法追究法律责任。

第四十一条 作为统计调查对象的国家机关、企业事业单位或者其他组织有下列行为之一的，由县级以上人民政府统计机构责令改正，给予警告，可以予以通报；其直接负责的主管人员和其他直接责任人员属于国家工作人员的，由任免机关或者监察机关依法给予处分：

（一）拒绝提供统计资料或者经催报后仍未按时提供统计资料的；

（二）提供不真实或者不完整的统计资料的；

（三）拒绝答复或者不如实答复统计检查查询书的；

（四）拒绝、阻碍统计调查、统计检查的；

（五）转移、隐匿、篡改、毁弃或者拒绝提供原始记录和凭证、统计台账、统计调查表及其他相关证明和资料的。

企业事业单位或者其他组织有前款所列行为之一的，可以并处五万元以下的罚款；情节严重的，并处五万元以上二十万元以下的罚款。

个体工商户有本条第一款所列行为之一的，由县级以上人民政府统计机构责令改正，给予警告，可以并处一万元以下的罚款。

第四十二条 作为统计调查对象的国家机关、企业事业单位或者其他组织迟报统计资料，或者未按照国家有关规定设置原始记录、统计台账的，由县级以上人民政府统计机构责令改正，给予警告。

企业事业单位或者其他组织有前款所列行为之一的，可以并处一万元以下的罚款。

个体工商户迟报统计资料的，由县级以上人民政府统计机构责令改正，给予警告，可以并处一千元以下的罚款。

第四十三条 县级以上人民政府统计机构查处统计违法行为时，认为对有关国家工作人员依法应当给予处分的，应当提出给予处分的建议；该国家工作人员的任免机关或者监察机关应当依法及时作出决定，并将结果书面通知县级以上人民政府统计机构。

第四十四条 作为统计调查对象的个人在重大国情国力普查活动中拒绝、阻碍统计调查，或者提供不真实或者不完整的普查资料的，由县级以上人民政府统计机构责令改正，予以批评教育。

第四十五条 违反本法规定，利用虚假统计资料骗取荣誉称号、物质利益或者职务晋升的，除对其编造虚假统计资料或者要求他人编造虚假统计资料的行为依法追究法律责任外，由作出有关决定的单位或者其上级单位、监察机关取消其荣誉称号，追缴获得的物质利益，撤销晋升的职务。

第四十六条 当事人对县级以上人民政府统计机构作出的行政处罚决定不服的，可以依法申请行政复议或者提起行政诉讼。其中，对国家统计局在省、自治区、直辖市派出的调查机构作出的行政处罚决定不服的，向国家统计局申请行政复议；对国家统计局派出的其他调查机构作出的行政处罚决定不服的，向国家统计局在该派出机构所在的省、自治区、直辖市派出的调查机构申请行政复议。

第四十七条 违反本法规定，构成犯罪的，依法追究刑事责任。

第七章 附则

第四十八条 本法所称县级以上人民政府统计机构，是指国家统计局及其派出的调查机构、县级以上地方人民政府统计机构。

第四十九条 民间统计调查活动的管理办法，由国务院制定。

中华人民共和国境外的组织、个人需要在中华人民共和国境内进行统计调查活动的，应当按照国务院的规定报请审批。

利用统计调查危害国家安全、损害社会公共利益或者进行欺诈活动的，依法追究法律责任。

第五十条 本法自 2010 年 1 月 1 日起施行。

附录2 中华人民共和国环境保护法（2014年修订）

中华人民共和国环境保护法

（全国人民代表大会常务委员会
中华人民共和国主席令第九号）

（1989年12月26日第七届全国人民代表大会常务委员会第十一次会议通过；2014年4月24日第十二届全国人民代表大会常务委员会第八次会议修订）

第一章 总则

第一条 为保护和改善环境，防治污染和其他公害，保障公众健康，推进生态文明建设，促进经济社会可持续发展，制定本法。

第二条 本法所称环境，是指影响人类生存和发展的各种天然的和经过人工改造的自然因素的总体，包括大气、水、海洋、土地、矿藏、森林、草原、湿地、野生生物、自然遗迹、人文遗迹、自然保护区、风景名胜区、城市和乡村等。

第三条 本法适用于中华人民共和国领域和中华人民共和国管辖的其他海域。

第四条 保护环境是国家的基本国策。

国家采取有利于节约和循环利用资源、保护和改善环境、促进人与自然和谐的经济、技术政策和措施，使经济社会发展与环境保护相协调。

第五条 环境保护坚持保护优先、预防为主、综合治理、公众参与、损害担责的原则。

第六条 一切单位和个人都有保护环境的义务。

地方各级人民政府应当对本行政区域的环境质量负责。

企业事业单位和其他生产经营者应当防止、减少环境污染和生态破坏，对所造成的损害依法承担责任。

公民应当增强环境保护意识，采取低碳、节俭的生活方式，自觉履行环境保护义务。

第七条 国家支持环境保护科学技术研究、开发和应用，鼓励环境保护产业发展，促进环境保护信息化建设，提高环境保护科学技术水平。

第八条 各级人民政府应当加大保护和改善环境、防治污染和其他公害的财政投入，提高财政资金的使用效益。

第九条 各级人民政府应当加强环境保护宣传和普及工作，鼓励基层群众性自治组织、社会组织、环境保护志愿者开展环境保护法律法规和环境保护知识的宣传，营造保护环境的良好风气。

教育行政部门、学校应当将环境保护知识纳入学校教育内容，培养学生的环境保护意识。

新闻媒体应当开展环境保护法律法规和环境保护知识的宣传，对环境违法行为进行舆论监督。

第十条 国务院环境保护主管部门，对全国环境保护工作实施统一监督管理；县级以上地方人民政府环境保护主管部门，对本行政区域环境保护工作实施统一监督管理。

县级以上人民政府有关部门和军队环境保护部门，依照有关法律的规定对资源保护和污染防治等环境保护工作实施监督管理。

第十一条 对保护和改善环境有显著成绩的单位和个人，由人民政府给予奖励。

第十二条 每年6月5日为环境日。

第二章 监督管理

第十三条 县级以上人民政府应当将环境保护工作纳入国民经济和社会发展规划。

国务院环境保护主管部门会同有关部门，根据国民经济和社会发展规划编制国家环境保护规划，报国务院批准并公布实施。

县级以上地方人民政府环境保护主管部门会同有关部门，根据国家环境保护规划的要求，编制本行政区域的环境保护规划，报同级人民政府批准并公布实施。

环境保护规划的内容应当包括生态保护和污染防治的目标、任务、保障措施等，并与主体功能区规划、土地利用总体规划和城乡规划等相衔接。

第十四条 国务院有关部门和省、自治区、直辖市人民政府组织制定经济、技术政策，应当充分考虑对环境的影响，听取有关方面和专家的意见。

第十五条 国务院环境保护主管部门制定国家环境质量标准。

省、自治区、直辖市人民政府对国家环境质量标准中未作规定的项目，可以制定地方环境质量标准；对国家环境质量标准中已作规定的项目，可以制定严于国家环境质量标准的地方环境质量标准。地方环境质量标准应当报国务院环境保护主管部门备案。

国家鼓励开展环境基准研究。

第十六条 国务院环境保护主管部门根据国家环境质量标准和国家经济、技术条件，制定国家污染物排放标准。

省、自治区、直辖市人民政府对国家污染物排放标准中未作规定的项目，可以制定地方污染物排放标准；对国家污染物排放标准中已作规定的项目，可以制定严于国家污染物排放标准的地方污染物排放标准。地方污染物排放标准应当报国务院环境保护主管部门备案。

第十七条 国家建立、健全环境监测制度。国务院环境保护主管部门制定监测规范，会同有关部门组织监测网络，统一规划国家环境质量监测站（点）的设置，建立监测数据共享机制，加强对环境监测的管理。

有关行业、专业等各类环境质量监测站（点）的设置应当符合法律法规规定和监测规范的要求。

监测机构应当使用符合国家标准的监测设备，遵守监测规范。监测机构及其负责人对监测数据的真实性和准确性负责。

第十八条 省级以上人民政府应当组织有关部门或者委托专业机构，对环境状况进行调查、评价，建立环境资源承载能力监测预警机制。

第十九条 编制有关开发利用规划，建设对环境有影响的项目，应当依法进行环境影响评价。

未依法进行环境影响评价的开发利用规划，不得组织实施；未依法进行环境影响评价的建设项目，不得开工建设。

第二十条 国家建立跨行政区域的重点区域、流域环境污染和生态破坏联合防治协调机制，实行统一规划、统一标准、统一监测、统一的防治措施。

前款规定以外的跨行政区域的环境污染和生态破坏的防治，由上级人民政府协调解决，或者由有关地方人民政府协商解决。

第二十一条 国家采取财政、税收、价格、政府采购等方面的政策和措施，鼓励和支持环境保护技术装备、资源综合利用和环境服务等环境保护产业的发展。

第二十二条 企业事业单位和其他生产经营者，在污染物排放符合法定要求的基础上，进一步减少污染物排放的，人民政府应当依法采取财政、税收、价格、政府采购等方面的政策和措施予以鼓励和支持。

第二十三条 企业事业单位和其他生产经营者，为改善环境，依照有关规定转产、搬迁、关闭的，人民政府应当予以支持。

第二十四条 县级以上人民政府环境保护主管部门及其委托的环境监察机构和其他负有环境保护监督管理职责的部门，有权对排放污染物的企业事业单位和其他生产经营者进行现场检查。被检查者应当如实反映情况，提供必要的资料。实施现场检查的部门、机构及其工作人员应当为被检查者保守商业秘密。

第二十五条 企业事业单位和其他生产经营者违反法律法规规定排放污染物，造成或者可能造成严重污染的，县级以上人民政府环境保护主管部门和其他负有环境保护监督管理职责的部门，可以查封、扣押造成污染物排放的设施、设备。

第二十六条 国家实行环境保护目标责任制和考核评价制度。县级以上人民政府应当将环境保护目标完成情况纳入对本级人民政府负有环境保护监督管理职责的部门及其负责人和下级人民政府及其负责人的考核内容，作为对其考核评价的重要依据。考核结果应当向社会公开。

第二十七条 县级以上人民政府应当每年向本级人民代表大会或者人民代表大会常务委员会报告环境状况和环境保护目标完成情况，对发生的重大环境事件应当及时向本级人民代表大会常务委员会报告，依法接受监督。

第三章 保护和改善环境

第二十八条 地方各级人民政府应当根据环境保护目标和治理任务，采取有效措施，改善环境质量。

未达到国家环境质量标准的重点区域、流域的有关地方人民政府，应当制定限期达标规划，并采取措施按期达标。

第二十九条 国家在重点生态功能区、生态环境敏感区和脆弱区等区域划定生态保护红线，实行严格保护。

各级人民政府对具有代表性的各种类型的自然生态系统区域，珍稀、濒危的野生动植物自然分布区域，重要的水源涵养区域，具有重大科学文化价值的地质构造、著名溶洞和化石分布区、冰川、火山、温泉等自然遗迹，以及人文遗迹、古树名木，应当采取措施予以保护，严禁破坏。

第三十条 开发利用自然资源，应当合理开发，保护生物多样性，保障生态安全，依法制定有关生态保护和恢复治理方案并予以实施。

引进外来物种以及研究、开发和利用生物技术，应当采取措施，防止对生物多样性的破坏。

第三十一条 国家建立、健全生态保护补偿制度。

国家加大对生态保护地区的财政转移支付力度。有关地方人民政府应当落实生态保护补偿资金，确保其用于生态保护补偿。

国家指导受益地区和生态保护地区人民政府通过协商或者按照市场规则进行生态保护补偿。

第三十二条 国家加强对大气、水、土壤等的保护，建立和完善相应的调查、监测、评估和修复制度。

第三十三条 各级人民政府应当加强对农业环境的保护，促进农业环境保护新技术的使用，加强对农业污染源的监测预警，统筹有关部门采取措施，防治土壤污染和土地沙化、盐渍化、贫瘠化、石漠化、地面沉降以及防治植被破坏、水土流失、水体富营养化、水源枯竭、种源灭绝等生态失调现象，推广植物病虫害的综合防治。

县级、乡级人民政府应当提高农村环境保护公共服务水平，推动农村环境综合整治。

第三十四条 国务院和沿海地方各级人民政府应当加强对海洋环境的保护。向海洋排放污染物、倾倒废弃物，进行海岸工程和海洋工程建设，应当符合法律法规规定和有关标准，防止和减少对海洋环境的污染损害。

第三十五条 城乡建设应当结合当地自然环境的特点，保护植被、水域和自然景观，加强城市园林、绿地和风景名胜区的建设与管理。

第三十六条 国家鼓励和引导公民、法人和其他组织使用有利于保护环境的产品和再生产品，减少废弃物的产生。

国家机关和使用财政资金的其他组织应当优先采购和使用节能、节水、节材等有利于保护环境的产品、设备和设施。

第三十七条 地方各级人民政府应当采取措施，组织对生活废弃物的分类处置、回收利用。

第三十八条 公民应当遵守环境保护法律法规，配合实施环境保护措施，按照规定对生活废弃物进行分类放置，减少日常生活对环境造成的损害。

第三十九条 国家建立、健全环境与健康监测、调查和风险评估制度；鼓励和组织开展环境质量对公众健康影响的研究，采取措施预防和控制与环境污染有关的疾病。

第四章 防治污染和其他公害

第四十条 国家促进清洁生产和资源循环利用。

国务院有关部门和地方各级人民政府应当采取措施，推广清洁能源的生产和使用。

企业应当优先使用清洁能源，采用资源利用率高、污染物排放量少的工艺、设备以及废弃物综合利用技术和污染物无害化处理技术，减少污染物的产生。

第四十一条 建设项目中防治污染的设施，应当与主体工程同时设计、同时施工、同时投产使用。防治污染的设施应当符合经批准的环境影响评价文件的要求，不得擅自拆除或者闲置。

第四十二条 排放污染物的企业事业单位和其他生产经营者，应当采取措施，防治在生产建设或者其他活动中产生的废气、废水、废渣、医疗废物、粉尘、恶臭气体、放射性物质以及噪声、振动、光辐射、电磁辐射等对环境的污染和危害。

排放污染物的企业事业单位，应当建立环境保护责任制度，明确单位负责人和相关人员的责任。

重点排污单位应当按照国家有关规定和监测规范安装使用监测设备，保证监测设备正常运行，保存原始监测记录。

严禁通过暗管、渗井、渗坑、灌注或者篡改、伪造监测数据，或者不正常运行防治污染设施等逃避监管的方式违法排放污染物。

第四十三条 排放污染物的企业事业单位和其他生产经营者，应当按照国家有关规定缴纳排污费。排污费应当全部专项用于环境污染防治，任何单位和个人不得截留、挤占或者挪作他用。

依照法律规定征收环境保护税的，不再征收排污费。

第四十四条 国家实行重点污染物排放总量控制制度。重点污染物排放总量控制指标由国务院下达，省、自治区、直辖市人民政府分解落实。企业事业单位在执行国家和地方污染物排放标准的同时，应当遵守分解落实到本单位的重点污染物排放总量控制指标。

对超过国家重点污染物排放总量控制指标或者未完成国家确定的环境质量目标的地区，省级以上人民政府环境保护主管部门应当暂停审批其新增重点污染物排放总量的建设项目环境影响评价文件。

第四十五条 国家依照法律规定实行排污许可管理制度。

实行排污许可管理的企业事业单位和其他生产经营者应当按照排污许可证的要求排放污染物；未取得排污许可证的，不得排放污染物。

第四十六条 国家对严重污染环境的工艺、设备和产品实行淘汰制度。任何单位和个人不得生产、销售或者转移、使用严重污染环境的工艺、设备和产品。

禁止引进不符合我国环境保护规定的技术、设备、材料和产品。

第四十七条 各级人民政府及其有关部门和企业事业单位，应当依照《中华人民共和国突发事件应对法》的规定，做好突发环境事件的风险控制、应急准备、应急处置和事后恢复等工作。

县级以上人民政府应当建立环境污染公共监测预警机制，组织制定预警方案；环境受到污染，可能影响公众健康和环境安全时，依法及时公布预警信息，启动应急措施。

企业事业单位应当按照国家有关规定制定突发环境事件应急预案，报环境保护主管部门和有关部门备案。在发生或者可能发生突发环境事件时，企业事业单位应当立即采取措施处理，及时通报可能受到危害的单位和居民，并向环境保护主管部门和有关部门报告。

突发环境事件应急处置工作结束后，有关人民政府应当立即组织评估事件造成的环境影响和损失，并及时将评估结果向社会公布。

第四十八条 生产、储存、运输、销售、使用、处置化学物品和含有放射性物质的物品，应当遵守国家有关规定，防止污染环境。

第四十九条 各级人民政府及其农业等有关部门和机构应当指导农业生产经营者科学种植和养殖，科学合理施用农药、化肥等农业投入品，科学处置农用薄膜、农作物秸秆等农业废弃物，防止农业面源污染。

禁止将不符合农用标准和环境保护标准的固体废物、废水施入农田。施用农药、化肥等农业投入品及进行灌溉，应当采取措施，防止重金属和其他有毒有害物质污染环境。

畜禽养殖场、养殖小区、定点屠宰企业等的选址、建设和管理应当符合有关法律法规规定。从事畜禽养殖和屠宰的单位和个人应当采取措施，对畜禽粪便、尸体和污水等废弃物进行科学处置，防止污染环境。

县级人民政府负责组织农村生活废弃物的处置工作。

第五十条 各级人民政府应当在财政预算中安排资金，支持农村饮用水水源地保护、生活污水和其他废弃物处理、畜禽养殖和屠宰污染防治、土壤污染防治和农村工矿污染治理等环境保护工作。

第五十一条 各级人民政府应当统筹城乡建设污水处理设施及配套管网，固体废物的收集、运输和处置等环境卫生设施，危险废物集中处置设施、场所以及其他环境保护公共设施，并保障其正常运行。

第五十二条 国家鼓励投保环境污染责任保险。

第五章 信息公开和公众参与

第五十三条 公民、法人和其他组织依法享有获取环境信息、参与和监督环境保护的权利。

各级人民政府环境保护主管部门和其他负有环境保护监督管理职责的部门，应当依法公开环境信息、完善公众参与程序，为公民、法人和其他组织参与和监督环境保护提供便利。

第五十四条 国务院环境保护主管部门统一发布国家环境质量、重点污染源监测信息及其他重大环境信息。省级以上人民政府环境保护主管部门定期发布环境状况公报。

县级以上人民政府环境保护主管部门和其他负有环境保护监督管理职责的部门，应当依法公开环境质量、环境监测、突发环境事件以及环境行政许可、行政处罚、排污费的征收和使用情况等信息。

县级以上地方人民政府环境保护主管部门和其他负有环境保护监督管理职责的部门，应当将企业事业单位和其他生产经营者的环境违法信息记入社会诚信档案，及时向社会公布违法者名单。

第五十五条 重点排污单位应当如实向社会公开其主要污染物的名称、排放方式、排放浓度和总量、超标排放情况，以及防治污染设施的建设和运行情况，接受社会监督。

第五十六条 对依法应当编制环境影响报告书的建设项目，建设单位应当在编制时向可能受影响的公众说明情况，充分征求意见。

负责审批建设项目环境影响评价文件的部门在收到建设项目环境影响报告书后，除涉及国家秘密和商业秘密的事项外，应当全文公开；发现建设项目未充分征求公众意见的，应当责成建设单位征求公众意见。

第五十七条 公民、法人和其他组织发现任何单位和个人有污染环境和破坏生态行为的，有权向环境保护主管部门或者其他负有环境保护监督管理职责的部门举报。

公民、法人和其他组织发现地方各级人民政府、县级以上人民政府环境保护主管部门和其他负有环境保护监督管理职责的部门不依法履行职责的，有权向其上级机关或者监察机关举报。

接受举报的机关应当对举报人的相关信息予以保密，保护举报人的合法权益。

第五十八条 对污染环境、破坏生态，损害社会公共利益的行为，符合下列条件的社会组织可以向人民法院提起诉讼：

（一）依法在设区的市级以上人民政府民政部门登记；

（二）专门从事环境保护公益活动连续五年以上且无违法记录。

符合前款规定的社会组织向人民法院提起诉讼，人民法院应当依法受理。

提起诉讼的社会组织不得通过诉讼牟取经济利益。

第六章　法律责任

第五十九条　企业事业单位和其他生产经营者违法排放污染物，受到罚款处罚，被责令改正，拒不改正的，依法作出处罚决定的行政机关可以自责令改正之日的次日起，按照原处罚数额按日连续处罚。

前款规定的罚款处罚，依照有关法律法规按照防治污染设施的运行成本、违法行为造成的直接损失或者违法所得等因素确定的规定执行。

地方性法规可以根据环境保护的实际需要，增加第一款规定的按日连续处罚的违法行为的种类。

第六十条　企业事业单位和其他生产经营者超过污染物排放标准或者超过重点污染物排放总量控制指标排放污染物的，县级以上人民政府环境保护主管部门可以责令其采取限制生产、停产整治等措施；情节严重的，报经有批准权的人民政府批准，责令停业、关闭。

第六十一条　建设单位未依法提交建设项目环境影响评价文件或者环境影响评价文件未经批准，擅自开工建设的，由负有环境保护监督管理职责的部门责令停止建设，处以罚款，并可以责令恢复原状。

第六十二条　违反本法规定，重点排污单位不公开或者不如实公开环境信息的，由县级以上地方人民政府环境保护主管部门责令公开，处以罚款，并予以公告。

第六十三条　企业事业单位和其他生产经营者有下列行为之一，尚不构成犯罪的，除依照有关法律法规规定予以处罚外，由县级以上人民政府环境保护主管部门或者其他有关部门将案件移送公安机关，对其直接负责的主管人员和其他直接责任人员，处十日以上十五日以下拘留；情节较轻的，处五日以上十日以下拘留：

（一）建设项目未依法进行环境影响评价，被责令停止建设，拒不执行的；

（二）违反法律规定，未取得排污许可证排放污染物，被责令停止排污，拒不执行的；

（三）通过暗管、渗井、渗坑、灌注或者篡改、伪造监测数据，或者不正常运行防治污染设施等逃避监管的方式违法排放污染物的；

（四）生产、使用国家明令禁止生产、使用的农药，被责令改正，拒不改正的。

第六十四条　因污染环境和破坏生态造成损害的，应当依照《中华人民共和国侵权责任法》的有关规定承担侵权责任。

第六十五条　环境影响评价机构、环境监测机构以及从事环境监测设备和防治污染设施维护、运营的机构，在有关环境服务活动中弄虚作假，对造成的环境污染和生态破坏负有责任的，除依照有关法律法规规定予以处罚外，还应当与造成环境污染和生态破坏的其他责任者承担连带责任。

第六十六条　提起环境损害赔偿诉讼的时效期间为三年，从当事人知道或者应当知道其受到损害时起计算。

第六十七条 上级人民政府及其环境保护主管部门应当加强对下级人民政府及其有关部门环境保护工作的监督。发现有关工作人员有违法行为，依法应当给予处分的，应当向其任免机关或者监察机关提出处分建议。

依法应当给予行政处罚，而有关环境保护主管部门不给予行政处罚的，上级人民政府环境保护主管部门可以直接作出行政处罚的决定。

第六十八条 地方各级人民政府、县级以上人民政府环境保护主管部门和其他负有环境保护监督管理职责的部门有下列行为之一的，对直接负责的主管人员和其他直接责任人员给予记过、记大过或者降级处分；造成严重后果的，给予撤职或者开除处分，其主要负责人应当引咎辞职：

（一）不符合行政许可条件准予行政许可的；

（二）对环境违法行为进行包庇的；

（三）依法应当作出责令停业、关闭的决定而未作出的；

（四）对超标排放污染物、采用逃避监管的方式排放污染物、造成环境事故以及不落实生态保护措施造成生态破坏等行为，发现或者接到举报未及时查处的；

（五）违反本法规定，查封、扣押企业事业单位和其他生产经营者的设施、设备的；

（六）篡改、伪造或者指使篡改、伪造监测数据的；

（七）应当依法公开环境信息而未公开的；

（八）将征收的排污费截留、挤占或者挪作他用的；

（九）法律法规规定的其他违法行为。

第六十九条 违反本法规定，构成犯罪的，依法追究刑事责任。

第七章 附则

第七十条 本法自 2015 年 1 月 1 日起施行。

附录3 环境统计管理办法

环境统计管理办法

（国家环境保护总局令第37号）

《环境统计管理办法》已于2006年10月18日经国家环境保护总局2006年第六次局务会议通过，现予公布，自2006年12月1日起施行。

1995年6月15日国家环境保护局发布的《环境统计管理暂行办法》同时废止。

国家环境保护总局局长：周生贤

二〇〇六年十一月四日

第一章 总则

第一条 为加强环境统计管理，保障环境统计资料的准确性和及时性，根据《中华人民共和国环境保护法》、《中华人民共和国统计法》（以下简称《统计法》）及其实施细则的有关规定，制定本办法。

第二条 环境统计的任务是对环境状况和环境保护工作情况进行统计调查、统计分析，提供统计信息和咨询，实行统计监督。

环境统计的内容包括环境质量、环境污染及其防治、生态保护、核与辐射安全、环境管理及其他有关环境保护事项。

环境统计的类型有：普查和专项调查；定期调查和不定期调查。定期调查包括统计年报、半年报、季报和月报等。

第三条 环境统计工作实行统一管理、分级负责。

国务院环境保护行政主管部门在国务院统计行政主管部门的业务指导下，对全国环境统计工作实行统一管理，制定环境统计的规章制度、标准规范、工作计划，组织开展环境统计科学研究，部署指导全国环境统计工作，汇总、管理和发布全国环境统计资料。

县级以上地方环境保护行政主管部门在上级环境保护行政主管部门和同级统计行政主管部门的指导下，负责本辖区的环境统计工作。

第四条 各级环境保护行政主管部门应当加强环境统计能力建设，将环境统计信息建设列入发展计划，建立健全环境统计信息系统，有计划地用现代信息技术装备本部门及其管辖系统的统计机构，提高环境统计信息处理能力，满足辖区内环境统计信息需求。

第五条 各级环境保护行政主管部门应当根据国家环境统计任务和本地区、本部门的环境管理需要，在下列方面加强对环境统计工作的领导和监督：

（一）将环境统计事业发展纳入环境保护工作计划，并组织实施；

（二）建立、健全环境统计机构；

（三）安排并保障环境统计业务经费；

（四）按时完成上级环境保护行政主管部门依照法规、规章规定布置的统计任务，采取措施保障统计数据的准确性和及时性，不得随意删改统计数据；

（五）开展环境统计科学研究，改进和完善环境统计制度和方法；

（六）建立环境统计工作奖惩制度。

第六条 环境统计范围内的机关、团体、企业事业单位和个体工商户，必须依照有关法律、法规和本办法的规定，如实提供环境统计资料，不得虚报、瞒报、拒报、迟报，不得伪造、篡改。

第二章 环境统计机构和人员

第七条 国务院环境保护行政主管部门设置专门的统计机构，归口管理环境统计工作。国务院环境保护行政主管部门有关司（办、局），负责本司（办、局）业务范围内的专业统计工作。

县级以上地方环境保护行政主管部门应当确定承担环境统计职能的机构，设定岗位，配备人员，负责归口管理环境统计工作。

第八条 各级环境保护行政主管部门的统计机构（以下简称环境统计机构）的职责是：

（一）制定环境统计工作规章制度和工作计划，并组织实施；

（二）建立健全环境统计指标体系，归口管理环境统计调查项目；

（三）开展环境统计分析和预测；

（四）实行环境统计质量控制和监督，采取措施保障统计资料的准确性和及时性；

（五）收集、汇总和核实环境统计资料，建立和管理环境统计数据库，提供对外公布的环境统计信息；

（六）按照规定向同级统计行政主管部门和上级环境保护行政主管部门报送环境统计资料；

（七）指导下级环境保护行政主管部门和调查对象的环境统计工作；组织环境统计人员的业务培训；

（八）开展环境统计科研和国内外环境统计业务的交流与合作；

（九）负责环境统计的保密工作。

第九条 各级环境保护行政主管部门的相关职能机构负责其业务范围内的统计工作，其职责是：

（一）编制业务范围内的环境统计调查方案，提交同级环境统计机构审核，并按规定经批准后组织实施；

（二）收集、汇总、审核其业务范围内的环境统计数据，并按照调查方案的要求，上报上级环境保护行政主管部门对口的相关职能机构，同时抄报给同级环境统计机构；

（三）开展环境统计分析，对本部门业务工作提出建议。

第十条 环境统计范围内的机关、团体、企业事业单位应当指定专人负责环境统计工作。

环境统计范围内的机关、团体、企业事业单位和个体工商户的环境统计职责是：

（一）完善环境计量、监测制度，建立健全生产活动及其环境保护设施运行的原始记录、统计台账和核算制度；

（二）按照规定，报送和提供环境统计资料，管理本单位的环境统计调查表和基本环境统计资料。

第十一条 环境统计机构和统计人员在环境统计工作中依法独立行使以下职权，任何单位和个人不得干扰或者阻挠：

（一）统计调查权：调查、搜集有关资料，召开有关调查会议，要求有关单位和人员提供环境统计资料，检查与环境统计资料有关的各种原始记录，要求更正不实的环境统计数据；

（二）统计报告权：调查人员必须将环境统计调查所得资料和情况进行整理、分析，及时、如实地向上级机关和统计部门提供环境统计资料；

（三）统计监督权：根据环境统计调查和统计分析，对环境统计工作进行监督，指出存在的问题，提出改进的建议。

第十二条 各级环境保护行政主管部门和企业事业单位的环境统计人员应当保持相对稳定。

变动环境统计人员的，应当及时向上级环境保护行政主管部门和同级统计行政主管部门报告，并做好环境统计资料的交接工作。

第三章 环境统计调查制度

第十三条 各级环境保护行政主管部门设定环境统计调查项目，必须事先制定环境统计调查方案。

环境统计调查方案应当包括项目名称、调查机关、调查目的、调查范围、调查对象、调查方式、调查时间、调查的主要内容，供调查对象填报用的统计调查表及说明、供整理上报用的综合表及说明和统计调查所需人员及经费来源。

环境统计调查方案的内容可以定期调整。

第十四条 环境统计调查方案应当按照规定程序经审查批准后实施。

统计调查对象属于本部门管辖系统内的，应当经本级环境统计机构审核后，由本级环境保护行政主管部门负责人审批，报同级统计行政主管部门备案。

统计调查对象超出本部门管辖系统的，应当由本级环境统计机构审核后，经本级环境保护行政主管部门负责人同意，报同级统计行政主管部门审批，其中重要的，报国务院或者本级地方人民政府审批。

第十五条 编制环境统计调查方案应当遵循以下原则：

（一）凡可从已有资料或利用现有资料整理加工得到所需资料的，不得重复调查；

（二）抽样调查、重点调查或者行政记录可以满足需要的，不得制发全面统计调查表；一次性统计调查可以满足需要的，不得进行经常性统计调查；年度统计调查可以满足需要的，不得按季度统计调查；季度统计调查可以满足需要的，不得按月统计调查；月以下的进度统计调查必须从严控制；

（三）编制新的环境统计调查方案，必须事先试点或者充分征求有关地方环境保护行政主管部门、其他有关部门和基层单位的意见，进行可行性论证；

（四）统计调查需要的人员和经费应当有保证；

（五）地方环境统计调查方案，其指标解释、计算方法、完成期限及其他有关内容，不得与国家环境统计调查方案相抵触。

第十六条 按照规定程序批准的环境统计调查表，必须在右上角标明统一编号、制表机关、批准或者备案机关、批准或者备案文号及有效期限。

未标明前款所列内容或者超过有效期限的环境统计调查表属无效报表，被调查单位和个人有权拒绝填报。

第十七条 环境统计调查表中的指标必须有确定的涵义、数据采集来源和计算方法。

国务院环境保护行政主管部门制定全国性环境统计调查表，并对其指标的涵义、数据采集来源、计算方法和汇总程序等作出统一规定。

县级以上地方环境保护行政主管部门可以根据地方环境管理需要，补充制定地方性环境统计调查表，并对其指标的涵义、数据采集来源和计算方法等作出规定。

第十八条 各级环境保护行政主管部门必须按照批准的环境统计调查方案开展环境统计调查。

环境统计调查中所采取的统计标准和计量单位、统计编码及标准必须符合国家有关标准。未经批准机关同意，任何单位及个人不得擅自修改、变动。

第十九条 在环境统计调查中，污染物排放量数据应当按照自动监控、监督性监测、物料衡算、排污系数以及其他方法综合比对获取。

第二十条 各级环境保护行政主管部门应当建立健全环境统计数据质量控制制度，加强对重要环境统计数据的逐级审核和评估。

县级以上地方环境保护行政主管部门应当采取现场核查、资料核查以及其他有效方式，对企业环境统计数据进行审查和核实。

第二十一条 国家建立环境统计的周期普查和定期抽样调查制度。

国务院环境保护行政主管部门定期组织开展全国污染源普查，并在普查基础上适时校正污染物排放统计数据；周期普查外的其他年份，组织开展环境统计定期抽样调查，并根据环境管理需要，适时开展专项调查。

第四章 环境统计资料的管理和公布

第二十二条 各部门、各单位提供环境统计资料，必须经本部门、本单位负责人审核、签署或者盖章。

第二十三条 环境统计资料是制定环境保护政策、规划、计划，考核环境保护工作的基本依据。

各级环境保护行政主管部门制定环境保护政策、年度计划和中长期规划，开展各类环境保护考核，需要使用环境统计资料的，应当以环境统计机构或者统计负责人签署或者盖章的统计资料为准。

各级环境保护行政主管部门的相关职能机构使用环境统计资料进行各项环境管理考核评比，其结果需经同级环境统计机构会签。

第二十四条 各级环境保护行政主管部门的相关职能机构应当在规定的日期内，将其组织实施的其业务范围内的统计调查所获得的调查结果（含调查汇总资料及数据），报送环境统计机构。

前款所述的环境统计调查结果应当纳入环境统计年报或者其他形式的环境统计资料，统一发布。

第二十五条 各级环境保护行政主管部门应当建立健全环境统计资料定期公布制度，依法定期公布本辖区的环境统计资料，并向同级人民政府统计行政主管部门提供环境统计资料。

第二十六条 环境统计机构应当做好统计信息咨询服务工作。

提供《统计法》和环境统计报表制度规定外的环境统计信息咨询、查询，可以实行有偿服务。

第二十七条 各级环境保护行政主管部门必须执行国家有关统计资料保密管理的规定，加强对环境统计资料的保密管理。

第二十八条 各级环境保护行政主管部门和各企业事业单位必须建立环境统计资料档案。环境统计资料档案的保管、调用和移交，应当遵守国家有关档案管理的规定。

第五章 奖励与惩罚

第二十九条 各级环境保护行政主管部门对有下列表现之一的环境统计机构或者个人，应当给予表彰或者奖励：

（一）在改革和完善环境统计制度、统计调查方法等方面，有重要贡献的；

（二）在完成规定的环境统计调查任务，保障环境统计资料准确性、及时性方面，做出显著成绩的；

（三）在进行环境统计分析、预测和监督方面取得突出成绩的；

（四）在环境统计方面，运用和推广现代信息技术有显著效果的；

（五）在环境统计科学研究方面有所创新、做出重要贡献的；

（六）忠于职守，执行统计法律、法规和本办法表现突出的。

第三十条 国务院环境保护行政主管部门每年对全国环境统计工作进行评比和表扬，每 5 年对全国环境统计工作进行专项表彰。

第三十一条 违反本办法的规定，有下列行为之一的，由有关部门责令改正，并依照有关法律、法规的规定给予处分或者行政处罚：

（一）未经批准，擅自制发环境统计调查表的；

（二）虚报、瞒报、拒报、屡次迟报或者伪造、篡改环境统计资料的；

（三）妨碍环境统计人员执行环境统计公务的；

（四）环境统计人员滥用职权、玩忽职守的；

（五）未按规定保守国家或者被调查者的秘密的；

（六）有其他违反法律、法规关于统计规定的行为的。

有前款所列行为之一，情节严重构成犯罪的，依法追究刑事责任。

第六章 附则

第三十二条 本办法自 2006 年 12 月 1 日起施行。1995 年 6 月 15 日国家环境保护局发布的《环境统计管理暂行办法》同时废止。

附录 4 统计违法违纪行为处分规定

统计违法违纪行为处分规定

（中华人民共和国监察部
中华人民共和国人力资源和社会保障部
国家统计局令第 18 号）

《统计违法违纪行为处分规定》已经监察部 2009 年 2 月 9 日第一次部长办公会议、人力资源社会保障部 2008 年 12 月 30 日第十六次部务会议、国家统计局 2008 年 11 月 6 日第十八次局务会议审议通过。现予公布，自 2009 年 5 月 1 日起施行。

监察部部长：马 馼
人力资源社会保障部部长：尹蔚民
国家统计局局长：马建堂
二○○九年三月二十五日

第一条 为了加强统计工作，提高统计数据的准确性和及时性，惩处和预防统计违法违纪行为，促进统计法律法规的贯彻实施，根据《中华人民共和国统计法》、《中华人民共和国行政监察法》、《中华人民共和国公务员法》、《行政机关公务员处分条例》及其他有关法律、行政法规，制定本规定。

第二条 有统计违法违纪行为的单位中负有责任的领导人员和直接责任人员，以及有统计违法违纪行为的个人，应当承担纪律责任。属于下列人员的（以下统称有关责任人员），由任免机关或者监察机关按照管理权限依法给予处分：

（一）行政机关公务员；

（二）法律、法规授权的具有公共事务管理职能的事业单位中经批准参照《中华人民共和国公务员法》管理的工作人员；

（三）行政机关依法委托的组织中除工勤人员以外的工作人员；

（四）企业、事业单位、社会团体中由行政机关任命的人员。

法律、行政法规、国务院决定和国务院监察机关、国务院人力资源社会保障部门制定的处分规章对统计违法违纪行为的处分另有规定的，从其规定。

第三条 地方、部门以及企业、事业单位、社会团体的领导人员有下列行为之一的，给予记过或者记大过处分；情节较重的，给予降级或者撤职处分；情节严重的，给予开除处分：

（一）自行修改统计资料、编造虚假数据的；

（二）强令、授意本地区、本部门、本单位统计机构、统计人员或者其他有关机构、人员拒报、虚报、瞒报或者篡改统计资料、编造虚假数据的；

（三）对拒绝、抵制篡改统计资料或者对拒绝、抵制编造虚假数据的人员进行打击报复的；

（四）对揭发、检举统计违法违纪行为的人员进行打击报复的。

有前款第（三）项、第（四）项规定行为的，应当从重处分。

第四条 地方、部门以及企业、事业单位、社会团体的领导人员，对本地区、本部门、本单位严重失实的统计数据，应当发现而未发现或者发现后不予纠正，造成不良后果的，给予警告或者记过处分；造成严重后果的，给予记大过或者降级处分；造成特别严重后果的，给予撤职或者开除处分。

第五条 各级人民政府统计机构、有关部门及其工作人员在实施统计调查活动中，有下列行为之一的，对有关责任人员，给予记过或者记大过处分；情节较重的，给予降级或者撤职处分；情节严重的，给予开除处分：

（一）强令、授意统计调查对象虚报、瞒报或者伪造、篡改统计资料的；

（二）参与篡改统计资料、编造虚假数据的。

第六条 各级人民政府统计机构、有关部门及其工作人员在实施统计调查活动中，有下列行为之一的，对有关责任人员，给予警告、记过或者记大过处分；情节较重的，给予降级处分；情节严重的，给予撤职处分：

（一）故意拖延或者拒报统计资料的；

（二）明知统计数据不实，不履行职责调查核实，造成不良后果的。

第七条 统计调查对象中的单位有下列行为之一，情节较重的，对有关责任人员，给予警告、记过或者记大过处分；情节严重的，给予降级或者撤职处分；情节特别严重的，给予开除处分：

（一）虚报、瞒报统计资料的；

（二）伪造、篡改统计资料的；

（三）拒报或者屡次迟报统计资料的；

（四）拒绝提供情况、提供虚假情况或者转移、隐匿、毁弃原始统计记录、统计台账、统计报表以及与统计有关的其他资料的。

第八条 违反国家规定的权限和程序公布统计资料，造成不良后果的，对有关责任人员，给予警告或者记过处分；情节较重的，给予记大过或者降级处分；情节严重的，给予撤职处分。

第九条 有下列行为之一，造成不良后果的，对有关责任人员，给予警告、记过或者记大过处分；情节较重的，给予降级或者撤职处分；情节严重的，给予开除处分：

（一）泄露属于国家秘密的统计资料的；

（二）未经本人同意，泄露统计调查对象个人、家庭资料的；

（三）泄露统计调查中知悉的统计调查对象商业秘密的。

第十条 包庇、纵容统计违法违纪行为的，对有关责任人员，给予记过或者记大过处分；情节较重的，给予降级或者撤职处分；情节严重的，给予开除处分。

第十一条 受到处分的人员对处分决定不服的，依照《中华人民共和国行政监察法》、《中华人民共和国公务员法》、《行政机关公务员处分条例》等有关规定，可以申请复核或者申诉。

第十二条 任免机关、监察机关和人民政府统计机构建立案件移送制度。

任免机关、监察机关查处统计违法违纪案件，认为应当由人民政府统计机构给予行政处罚的，应当将有关案件材料移送人民政府统计机构。人民政府统计机构应当依法及时查处，并将处理结果书面告知任免机关、监察机关。

人民政府统计机构查处统计行政违法案件，认为应当由任免机关或者监察机关给予处分的，应当及时将有关案件材料移送任免机关或者监察机关。任免机关或者监察机关应当依法及时查处，并将处理结果书面告知人民政府统计机构。

第十三条 有统计违法违纪行为，应当给予党纪处分的，移送党的纪律检查机关处理。涉嫌犯罪的，移送司法机关依法追究刑事责任。

第十四条 本规定由监察部、人力资源社会保障部、国家统计局负责解释。

第十五条 本规定自 2009 年 5 月 1 日起施行。

附录 5 统计执法检查规定

统计执法检查规定

（中华人民共和国国家统计局令第 9 号）

《统计执法检查规定》已经 2006 年 7 月 12 日国家统计局第 8 次局务会议修改通过，现予公布，自公布之日起实施。

国家统计局局长 邱晓华

二〇〇六年七月十七日

第一章 总则

第一条 为了科学有效地组织统计执法检查工作，保障统计法和统计制度的贯彻实施，维护和提高统计数据质量，根据《中华人民共和国统计法》及其实施细则，制定本规定。

第二条 县级以上各级人民政府统计机构、国家统计局派出的各级调查队是统计执法检查机关，负责监督检查统计法和统计制度的实施，依法查处违反统计法和统计制度的行为。

县级以上地方各级人民政府统计机构、国家统计局派出的各级调查队应当分工协作、加强沟通，避免重复检查。

第三条 县级以上人民政府各有关部门在同级人民政府统计机构的组织指导下，负责监督检查本部门管辖系统内统计法和统计制度的贯彻实施，协助同级人民政府统计机构查处本部门管辖系统内的统计违法行为。

第四条 各级统计执法检查机关应当建立行政执法责任制，切实保障统计执法检查所需的人员、经费和其他工作条件。

第五条 统计执法检查应当贯彻有法必依、执法必严、违法必究的方针，坚持预防、查处和整改相结合，坚持处罚与教育相结合，合法、公正、公开、高效地进行。

第六条 各级统计执法检查机关鼓励对统计法贯彻实施情况的社会监督。国家统计局设立举报中心，受理社会各界对统计违法行为的举报。

第二章 统计执法检查机构和统计执法检查员

第七条 国家统计局法制工作机构负责统一组织、管理全国的统计执法检查工作。

省级地市级统计执法检查机关应当设置专门的统计执法检查机构，配备专职统计执法检查员。

县级统计执法检查机关可以根据工作需要，设置专门的统计执法检查机构。未设机构的，应当配备必要的统计执法检查员。

县级以上人民政府各有关部门可以根据工作需要，配备统计执法检查员。

第八条 统计执法检查机构的主要职责是：

（一）宣传、贯彻统计法；

（二）组织、指导、监督、管理统计执法检查工作；

（三）受理统计违法举报，查办、转办、督办统计违法案件；

（四）办理统计行政复议和行政应诉事项；

（五）法律、法规和规章赋予的其他职责。

第九条 统计执法检查员应当具备下列条件：

（一）坚持原则、作风正派、忠于职守、遵纪守法；

（二）具有大专以上学历；

（三）具备相关法律知识，熟悉统计业务；

（四）参加统计执法检查员资格培训，经考试合格，取得统计执法检查证。

第十条 统计执法检查员的资格培训及考核由国家统计局统一规划、组织和管理，省级统计执法检查机关负责实施。

第十一条 各级统计执法检查机关应当加强对所属统计执法检查员的职业道德教育和业务技能培训，健全管理、考核和奖惩制度。

第三章 统计执法检查的一般规定

第十二条 各级统计执法检查机关和有关部门应当建立统计执法检查制度，综合运用全面检查、专项检查、重点检查等方式，进行经常性的统计执法检查工作。

第十三条 统计执法检查事项包括：

（一）是否存在侵犯统计机构和统计人员独立行使统计调查、统计报告、统计监督职权的行为；

（二）是否存在违反法定程序和统计制度修改统计数据的行为；

（三）是否存在虚报、瞒报、伪造、篡改、拒报和迟报统计资料的行为；

（四）是否依法设立统计机构或配备统计人员；

（五）是否设置原始记录、统计台账；

（六）统计人员是否具备统计从业资格；

（七）统计调查项目是否依据法定程序报批，是否在统计调查表的右上角标明法定标识；

（八）是否严格按照经批准的统计调查方案进行调查，有无随意改变调查内容、调查对象和调查时间等问题；

（九）统计资料的管理和公布是否符合有关规定，有无泄露国家秘密、统计调查对象的商业秘密和私人、家庭的单项调查资料的行为；

（十）是否依法进行涉外调查；

（十一）法律、法规和规章规定的其他事项。

第十四条 统计执法检查机关在组织实施统计执法检查前应当先拟定检查计划。检查计划包括检查的依据、时间、对象、内容和组织形式等。

对未发现统计违法嫌疑的单位，同一统计执法检查机关每年对其实施统计执法检查不得超过一次。

第十五条 实施统计执法检查，应当提前通知被检查对象，告知统计执法检查机关的名称，检查的依据、范围、内容、方式和时间，对被检查对象的具体要求等。

对有统计违法嫌疑的单位实施检查，检查通知可于统计执法检查机关认为适当的时间下达。

第十六条 检查人员进行统计执法检查时，应当先向被检查对象出示统计执法检查证或法律、法规、规章规定的其他执法证件。未出示合法执法证件的，有关单位和个人有权拒绝接受检查。

统计执法检查证是实施统计执法检查的有效证件，由国家统计局统一印制，国家统计局和省级统计执法检查机关负责核发。

第十七条 统计执法检查机关和检查人员具有下列职权：

（一）依法发出统计检查查询书，向被检查对象查询有关事项；

（二）要求被检查对象提供与检查事项有关的原始记录和凭证、统计台账、统计调查表、会计资料以及其他相关证明、资料，进入被检查对象运用电子计算机管理的数据录入、处理系统检查有关资料；

（三）进入被检查对象的业务场所及货物存放地进行实地检查、核对；

（四）经统计执法检查机关负责人批准，登记保存被检查对象的原始记录和凭证、统计台账、统计调查表、会计资料及其他相关证明和资料；

（五）就与统计执法检查有关的事项，询问统计人员、单位负责人和有关人员；

（六）对与统计违法案件有关的情况和资料，进行记录和复制；

（七）要求被检查对象将有关资料送至指定地点接受检查。

第十八条 统计执法检查机关和检查人员对在检查过程中知悉的被检查对象的商业秘密和私人、家庭的单项调查资料，负有保密义务。

第十九条 被检查对象和有关人员不得拒绝提供情况或提供虚假情况，不得使用暴力或者威胁的方法阻挠、抗拒检查，对统计检查查询书应当按期据实答复。

第二十条 检查人员应当及时向统计执法检查机关提交检查报告，对检查中发现的问题提出处理意见或建议。

统计执法检查机关对发现的统计违法行为应当分别以下情况予以处理：

（一）统计违法行为轻微的，责令被检查对象改正，或者提出统计执法检查意见；

（二）统计违法行为需要立案查处的，依照法定程序办理。

第四章 统计违法案件的查处

第二十一条 统计违法案件由各级统计执法检查机关负责查处。

各级统计执法检查机关可以委托依法成立的统计执法队（室、所）等组织查处统计违法案件。

第二十二条 各级统计执法检查机关及其直属事业单位工作人员的统计违法行为，由该机关或监察机关依干部管理权限负责处理。

第二十三条 县级以上人民政府各有关部门对在统计执法检查中发现的统计违法行为，认为应当给予行政处罚的，应当及时移交给同级人民政府统计机构处理。

第二十四条 查处统计违法案件应当做到事实清楚，证据确凿，定性准确，处理恰当，适用法律正确，符合法定程序。

第二十五条 查处统计违法案件的一般程序为：立案、调查、处理、结案。

对在统计执法检查中发现并已调查清楚的统计违法行为，需要立案查处的，应当补充立案。

第二十六条 符合《中华人民共和国行政处罚法》第三十三条规定，统计违法事实确凿并有法定依据，应对公民处以五十元以下、对法人或者其他组织处以一千元以下罚款或者警告的行政处罚的，可以适用简易处罚程序，当场作出统计行政处罚决定。

第二十七条 对下列统计违法行为，统计执法检查机关应当依法进行查处：

（一）地方、部门、单位的领导人自行修改统计资料、编造虚假数据或者强令、授意统计机构、统计人员篡改统计资料、编造虚假数据的；

（二）地方、部门、单位的领导人对统计人员进行打击报复的；

（三）统计机构、统计人员参与篡改统计资料、编造虚假数据的；

（四）虚报、瞒报、伪造、篡改统计资料的；

（五）拒报、屡次迟报统计资料的；

（六）提供不真实、不完整的普查资料的；

（七）在接受统计执法检查时，拒绝提供情况、提供虚假情况或者转移、隐匿、毁弃原始记录、统计台账、统计报表以及与统计有关的其他资料的；

（八）使用暴力或者威胁的方法，阻挠、抗拒统计执法检查的；

（九）国家机关擅自制发统计调查表的；

（十）违反统计法和统计制度规定，泄露国家秘密、统计调查对象商业秘密或者私人、家庭单项调查资料的；

（十一）利用统计调查窃取国家秘密、损害社会公共利益或者进行欺诈活动的；

（十二）违反《统计从业资格认定办法》，聘请、任用未取得统计从业资格证书的人员从事统计工作的；

（十三）违法进行涉外调查的；

（十四）法律、法规和规章规定的其他违法行为。

第二十八条 县级以上地方各级人民政府统计机构管辖发生在本行政区域内的统计违法案件。其中，在国家统计局派出的各级调查队组织实施的统计调查中发生的统计违法案件，由国家统计局派出的调查队管辖。

国家统计局管辖在全国范围内有重大影响的或认为应当由其查处的统计违法案件。

第二十九条 决定立案查处的案件，应当及时组织调查。一般案件调查人员不得少于二人，重大案件应当组成调查组。

调查人员应当合法、客观、全面地收集证据，不得主观臆断、偏听偏信，不得篡改、伪造证据。

第三十条 调查结束后，调查人员应当将调查情况及处理意见报领导审批。重大案件的处理由统计执法检查机关的负责人集体讨论决定。

第三十一条 统计违法案件审理终结，应当分别以下情况作出处理：

（一）违反统计法律、法规、规章证据不足，或者违法事实情节轻微，依法不应追究法律责任的，即行销案；

（二）违反统计法律、法规、规章事实清楚、证据确凿，尚未构成犯罪的，由统计执法检查机关依法作出处理；

（三）违反统计法，涉嫌犯罪的，移送司法机关依法追究刑事责任。

第三十二条 统计执法检查机关在依法作出统计行政处罚决定前，应当告知当事人作出处罚的事实、理由、依据及拟作出的行政处罚决定，并告知当事人依法享有的权利。

第三十三条 统计执法检查机关在作出对法人或者其他组织二万元以上的罚款，对公民二千元以上的罚款的行政处罚决定前，应当告知当事人有要求举行听证的权利。当事人要求听证的，统计执法检查机关应当依法组织听证。

当事人对县级以上地方各级人民政府统计机构查处的统计违法案件要求听证，省、自治区、直辖市人大常委会或人民政府对较大数额罚款的额度有具体规定的，从其规定。

第三十四条 立案查处的统计违法案件，应当在立案后三个月内处理完毕；因特殊情况需要延长办理期限的，应当按规定报经批准，但延长期不得超过三个月。

统计违法案件处理决定执行后，予以结案。

第五章 备案与报告

第三十五条 下列统计违法案件应当在立案后十日内报上一级统计执法检查机关：

（一）统计违法责任人涉及科级以上党政领导干部的；

（二）对拒绝、抵制篡改统计资料、编造虚假数据行为的统计人员进行打击报复的；

（三）使用暴力或威胁的方法阻挠、抗拒统计执法检查的；

（四）群众集体署名举报或新闻媒介公开报道，在社会上造成较大影响的；

（五）检查机关认为应当报告的其他案件。

第三十六条 下列统计违法案件应当在结案后十日内向上一级统计执法检查机关备案：

（一）给予科级以上党政领导干部行政处分的；

（二）举行听证的；

（三）经复议变更或撤销具体统计行政行为的；

（四）统计行政诉讼案件；

（五）经新闻媒介曝光的；

（六）罚款数额三万元以上的；

（七）立案后已上报上一级统计执法检查机关的各类案件。

前款所列（一）（三）（四）项案件，应当在结案后三十日内由省级统计执法检查机关报国家统计局备案。

第三十七条 国家统计局建立统计违法案件查处情况定期统计制度。

统计执法检查机关应当定期向上一级统计执法检查机关报告统计执法检查和统计违法案件查处情况。

第六章 法律责任

第三十八条 任何单位和个人有下列行为之一的，由统计执法检查机关责令改正，予以通报批评，并可以对负有直接责任的主管人员和其他直接责任人员依法给予行政处分或提请有关机关给予行政处分；违反《中华人民共和国治安管理处罚法》的，由公安机关依法给予行政处罚；涉嫌犯罪的，移送司法机关依法追究刑事责任：

（一）在接受统计执法检查时，拒绝提供情况、提供虚假情况或者转移、隐匿、毁弃原始记录、统计台账、统计报表以及与统计有关的其他资料的；

（二）使用暴力或者威胁的方法阻挠、抗拒统计执法检查的；

（三）不按期据实答复统计检查查询书的。

企业事业组织有前款违法行为之一的，根据《中华人民共和国统计法实施细则》的规定，由统计执法检查机关予以警告，并可以处五万元以下的罚款。个体工商户有前款违法行为之一的，由统计执法检查机关予以警告，并可以处一万元以下的罚款。

第三十九条 地方、部门、单位的领导人及其他责任人员有下列行为之一的，由统计执法检查机关予以通报批评，并可以提请主管单位或监察机关依法给予行政处分；涉嫌犯罪的，移送司法机关依法追究刑事责任：

（一）不接受或不按规定组织实施统计执法检查，造成本地区、本部门、本单位重要统计数据失实的；

（二）对抵制、揭发统计违法行为的单位和个人进行打击报复的；

（三）包庇、纵容统计违法行为的。

第四十条 统计执法检查机关有下列行为之一的，对负有直接责任的主管人员和直接责任人员，由主管单位或监察机关给予批评教育；情节严重的，依法给予行政处分；涉嫌犯罪的，移送司法机关依法追究刑事责任：

（一）瞒案不报，压案不查，包庇、纵容统计违法行为的；

（二）不按法定权限、程序和要求执行公务，造成不利后果的；

（三）违反保密规定，泄露举报人或案情的；

（四）滥用职权，徇私舞弊的；

（五）其他违法违纪行为。

统计执法检查人员泄露在检查过程中知悉的被检查对象商业秘密和私人、家庭的单项调查资料，造成损害的，依法给予行政处分，并依法承担民事责任。

第七章 附则

第四十一条 本规定由国家统计局负责解释。

第四十二条 本规定自公布之日起实施。《统计法规检查暂行规定》和《统计违法案件查处工作暂行规定》同时废止。

参考文献

[1] 莫衡，等. 当代汉语词典[M]. 上海：上海辞书出版社，2001.

[2] 郑家亨. 统计大辞典[M]. 北京：中国统计出版社，1995.

[3] 王志远. 环境统计在环境保护中的应用[J]. 环境保护科学，2012，38（4）：66-70.

[4] 崔述强. 统计知识简明读本[M]. 北京：中国统计出版社，2004.

[5] 周概容. 应用统计方法辞典[M]. 北京：中国统计出版社，1993.

[6] 蔡宝森. 环境统计[M]. 武汉：武汉理工大学出版社，2009.

[7] 《环境科学大辞典》编辑委员会. 环境科学大辞典[M]. 北京：中国环境科学出版社，1991.

[8] 谢露静. 环境统计应用[M]. 北京：科学出版社，2011.

[9] 张明欣. 介绍一门新兴的统计——环境统计[J]. 统计，1981（01）：37-38.

[10] 彭立颖，贾金虎. 中国环境统计历史与展望[J]. 环境保护，2008，04：52-55.

[11] 中国环境监测总站. 在实践中创新环境统计报表制度[J]. 环境保护，2010，07：20-23.

[12] 宋国君，傅德黔，姜岩. 论水污染物排放统计指标体系[J]. 中国环境监测，2006，04：37-42.

[13] 中国环境科学研究院. 第一次全国污染源普查工业污染源产排污系数核算项目技术报告[R]. 北京：中国环境科学研究院，2008：6-7.

[14] 国家环境保护局科技标准司. 工业污染物产生和排放系数手册[M]. 北京：中国环境科学出版社，1996.

[15] 陆新元，田为勇. 环境监察[M]. 北京：中国环境科学出版社，2002：10.

[16] 毛应淮，刘定慧. 工业污染源现场检查执法指南[M]. 北京：中国环境科学出版社，2003：9.

[17] 环境保护部. 2010 年修改版第一次全国污染源普查工业源产排污系数手册（上、中、下）[Z]. 2010.

[18] 段宁，郭庭政，孙启宏，等. 国内外产排污系数开发现状及其启示[J]. 环境科学研究，2009，22（5）：622-626.

[19] 董广霞，周冏，王军霞，等. 工业污染源核算方法探讨[J]. 环境保护，2013，41（12）：57-59.

[20] 金瑜. 浅谈工业源产排污系数的应用[J]. 污染防治技术，2009，22（5）：88-90.

[21] 冯元群，康颖，童国璋，等. 排污权交易中污染源排污核算技术方法的分析[J]. 环境污染与防治，2009，31（7）：92-96.

[22] 李贵林，路学军，陈程. 物料衡算法在工业源污染物排放量核算中的应用探讨[J]. 淮海工学院学报：自然科学版，2012，21（4）：66-69.

[23] 董广霞，景立新，周冏，等. 监测数据法在工业污染核算中的若干问题探讨[J]. 环境监测管理与技术，2011，23（4）：1-4.

[24] 齐珺，魏佳，罗志云. 对我国环境统计制度的思考和建议[J]. 环境与可持续发展，2011，02：66-69.

[25] 茅晶晶，沈红军，徐洁. 全国环境统计数据审核软件设计与实现[J]. 环境科技，2011，04：65-68.

[26] 洪亚雄. 环境统计方法及环境统计指标体系研究[D]. 长沙：湖南大学，2005.

[27] 胡瑞，张学伟. 环境统计中污染物产生量排放量核算方法的探讨[J]. 科技视界，2012，34：115，91.

[28] 刘英杰. 浅论环境统计中数据的审核方法[J]. 中国环境监测，2007，03：40-44.

[29] 俞宗尧. 中国政府统计在环境统计中作用的探讨[J]. 安顺师范高等专科学校学报，2002，02：66-68，81.

[30] 胡月红. 我国现行环境统计指标体系改进方向[J]. 环境保护科学，2008，02：102-103.
[31] 周冏，景立新，王军霞. 中荷环境统计体系对比研究[J]. 环境保护，2013，07：75-77.
[32] 马淑学. 浅论环境统计中数据的审核方法[J]. 中国新技术新产品，2013，12：44-45.
[33] 陈翠芝. 关于提高环境统计数据质量的探讨[J]. 环境污染与防治，1990，02：35-36，31.
[34] 李灵. 浅谈环境统计综合年报中的数据审核方法[J]. 三峡环境与生态，2010，06：52-53，56.
[35] 陈涛，李灿. 美国环境统计简介[J]. 上海统计，2001，10：41-42.
[36] 淦峰，唐振华，张建莉，等. 开展环境统计核查 保证环境统计质量[J]. 中国环境管理，2003，06：38-39.
[37] 陈默. 德国环境统计概述及启示[J]. 中国环保产业，2005，08：44-46.
[38] 王军霞，董广霞，董文福，等. 我国环境统计调查制度历史回顾及展望[A]. 中国环境科学学会. 2014中国环境科学学会学术年会（第3章）[C]. 中国环境科学学会，2014：5.
[39] 陈默，周颖. 美国和欧盟环境统计的借鉴意义[J]. 中国统计，2009，07：52-53.
[40] 董广霞，陈默，傅德黔. 我国环境统计存在的主要问题及对策[J]. 中国环境监测，2009，05：70-73.
[41] 赵云城，李锁强，胡卫. 挪威、德国环境统计简况[J]. 中国统计，2004，03：54-56.
[42] 宋国君，傅德黔，姜岩. 论水污染物排放统计指标体系[J]. 中国环境监测，2006，04：37-42.
[43] 毛应淮，罗丽萍，官金华. 污染物排放相关指标计算方法的研究[J]. 中国环境管理干部学院学报，2005，03：13-16.
[44] 李沸. 机动车污染物排放系数估算探讨[J]. 环境保护与循环经济，2008，04：44-45.
[45] 张谦. 机动车排放污染控制策略及应对措施[J]. 甘肃科技，2008，11：65-66.
[46] 蔺宏良. 我国机动车污染物排放现状及控制对策分析[J]. 西安文理学院学报：自然科学版，2008，03：86-89.
[47] 张清宇，魏玉梅，田伟利. 机动车排放控制标准对污染物排放因子的影响[J]. 环境科学研究，2010，05：606-612.
[48] 蔡皓，谢绍东. 中国不同排放标准机动车排放因子的确定[J]. 北京大学学报：自然科学版，2010，03：319-326.
[49] 王军方，丁焰，汤大钢. 机动车污染防治政策与管理[J]. 环境保护，2010，24：14-17.
[50] 傅立新，郝吉明，何东全，等. 北京市机动车污染物排放特征[J]. 环境科学，2000，03：68-70.
[51] 邓顺熙，陈洁陕，李百川. 中国城市道路机动车CO、HC和NO_x排放因子的测定[J]. 中国环境科学，2000，01：82-85.
[52] 霍红，贺克斌，王歧东. 机动车污染排放模型研究综述[J]. 环境污染与防治，2006，07：526-530.
[53] 訾琨，黄永青，涂先库，等. 城市机动车污染物排放总量调查[J]. 汽车工程，2006，08：707-710.
[54] 王伯光，张远航，祝昌健，等. 城市机动车排放因子隧道试验研究[J]. 环境科学，2001，02：55-59.
[55] 李伟，傅立新，郝吉明，等. 中国道路机动车10种污染物的排放量[J]. 城市环境与城市生态，2003，02：36-38.
[56] 樊守彬. 北京机动车尾气排放特征研究[J]. 环境科学与管理，2011，04：28-31.
[57] 林秀丽. 中国机动车污染物排放系数研究[J]. 环境科学与管理，2009，06：29-33，57.
[58] 周鑫，闫岩，石福禄. 北京市机动车主要污染物排放量测算研究[J]. 车辆与动力技术，2012，04：58-62.
[59] 金书秦，韩冬梅，王莉，沈贵银. 畜禽养殖污染防治的美国经验[J]. 环境保护，2013，02：65-67.

[60] 王俊能，许振成，吴根义，等. 畜禽养殖业产排污系数核算体系构建[J]. 中国环境监测，2013，02：143-147.

[61] 吴崇丹，王丽娟，唐小军，等. 四川省畜牧养殖业污染现状及防治研究[J]. 四川环境，2013，04：139-143.

[62] 王宣，申剑. 畜禽养殖场污染状况监测与评价[J]. 中国环境监测，2007，03：94-96.

[63] 李震宇，宣昊，胡斯翰. 规模化畜禽养殖小区替代分散养殖模式污染物减排核算及建议[J]. 环境与可持续发展，2012，06：56-59.

[64] 曲思禹. 钢铁行业清洁生产指标体系建立及评价方法研究[D]. 长春：吉林大学，2009.